사 진 으 로   보 는

기상 현상

이상기후 국내

기온이나 강수량이 평균 범위를 벗어난 상태를 이상기후라고 해. 지구가 더워지면서 이상기후 현상이 나타나고 있어. 우리나라엔 어떤 이상기후 현상이 나타났을까?

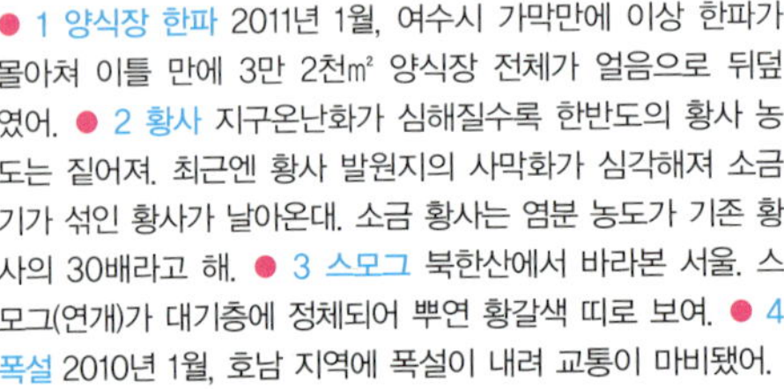

● 1 양식장 한파 2011년 1월, 여수시 가막만에 이상 한파가 몰아쳐 이틀 만에 3만 2천㎡ 양식장 전체가 얼음으로 뒤덮였어. ● 2 황사 지구온난화가 심해질수록 한반도의 황사 농도는 짙어져. 최근엔 황사 발원지의 사막화가 심각해져 소금기가 섞인 황사가 날아온대. 소금 황사는 염분 농도가 기존 황사의 30배라고 해. ● 3 스모그 북한산에서 바라본 서울. 스모그(연개)가 대기층에 정체되어 뿌연 황갈색 띠로 보여. ● 4 폭설 2010년 1월, 호남 지역에 폭설이 내려 교통이 마비됐어.

● 5 녹조 수온이 높아지면 플랑크톤이 비정상적으로 늘어나 물 표면이 짙은 녹색으로 변해. ● 6 냉해 배추 2011년 가을, 충남 서산에서 이상 한파로 배추밭이 얼음 밭으로 변했어. ● 7 집중 호우 2011년 여름, 집중 호우로 잠겨 버린 올림픽대로. ● 8 대 청호 가뭄 2008년 겨울, 가뭄으로 호수의 물이 빠져 땅바닥이 드러나고 갈라졌어. ● 9 쓰레기 해수욕장 2006년 7월, 태풍 '에위니아' 에 떠밀려 온 쓰레기로 더러워진 칠포 해수욕장.

예측하기 힘든 **기상 현상**

급격하게 변하는 기상 현상 때문에 정확한 기상 관측이나 예측이 힘들 때도 있어.

● **10 태풍** 적도 지역에서 발생하는 태풍은 소용돌이 치며 고위도로 이동해. ● **11 용오름** 용오름은 육지의 토네이도와 같은 원리로 구름 속의 공기를 데워 발생하는 강한 상승기류 때문에 나타나. 2011년에 동해안에서 수차례 발생했지. ● **12 해무** 바다에서 발생하는 안개는 시야를 가리기 때문에 해양 선박 사고 원인 1위래. ● **13 국지성 호우** 여름철에는 지역적으로 강수량 편차가 큰 소나기가 내려. 이런 자연 현상을 국지성 호우라고 해. 국지성 호우는 기상예보를 하기 어렵게 해.

이상기후 해외

지구가 따뜻해지면서 남극과 북극의 빙하가 녹아 내리고 사막 지역은 더 건조해지고 홍수 피해는 더욱 심해지고 있어. 지역 간 기상 편차가 커지면서 이상기후 현상이 나타나는 현장을 찾아가 보자.

● 1 빙하 온실가스 증가로 남극의 빙하는 매년 7m씩 바다로 사라지고 있어. ● 2 알래스카 북극곰 지구온난화로 북극 빙하가 사라지면서 북극곰이 생존에 위협을 받고 있어. 북극곰은 국제자연보호연맹이 지정한 멸종 위기에 처한 취약종이래. ● 3 몬테네그로 폭설 2012년 2월, 유럽 남동부 발칸 반도 남서부에 있는 몬테네그로에 사상 최대의 폭설이 내렸어. 1년 내내 눈을 보기 힘든 몬테네그로의 수도 포드고리차도에서 60cm의 강설량을 기록했다고 해.

● **4 태국 홍수** 2011년 7월, 태국에 20년 만에 최악의 폭우가 내렸어. 70여 일간 내린 폭우로 도시 전체가 물에 잠겨 315명이 죽고 240만 명이 집을 잃었대. ● **5 투발루** 9개 산호초로 이뤄진 남태평양 도시 국가인 투발루는 최고 해발이 4m에 불과해. 지구온난화의 첫 번째 희생 국가인 투발루는 2개의 섬이 완전히 바다에 잠겨 2001년 국토 포기 선언을 했어. ● **6 러시아 산불** 2010년 7월, 러시아 사상 최대의 폭염으로 시베리아 삼림 지역에서 산불이 동시다발적으로 일어났어. 모스크바 시내도 산불 연기로 자욱해서 마스크를 쓰지 않으면 다니기 힘들 정도였다고 해. ● **7 미국 폭염** 2011년 8월, 미국 캔자스주에 연일 이어진 이상고온 현상으로 옥수수들이 말라 죽었어.

사막으로 변하는 몽골

최근 10년간 몽골에서는 약 850여 개의 강과 1천 200여 개의 호수와 연못이 사라졌어. 지난 20년간 몽골의 최고 강수량은 70~80mm였지만 2029년에는 40~50mm로 줄어든대.

● 8 몽골의 사막 ● 9 10 11 몽골에 나무심기 (사)푸른아시아에서는 사막화를 방지하기 위해 매년 몽골에서 나무 심기 운동을 펼쳐.

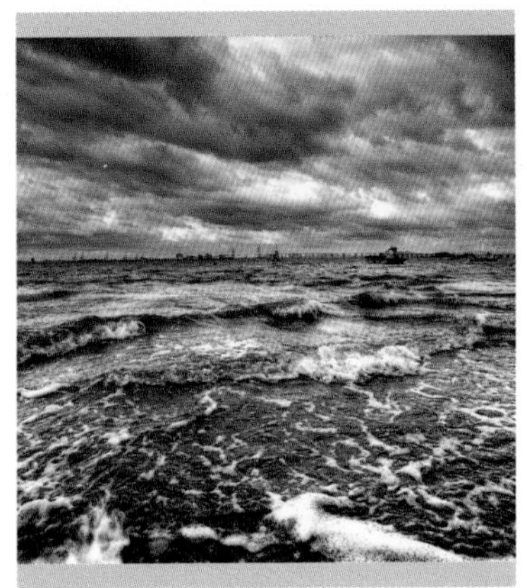

<u>사진제공</u>

국내 기상청

국외 연합뉴스, 유엔환경계획(UNEP), (사)푸른아시아

노빈손 이상기후의 정체를 밝혀라

장은선 지음 이우일 일러스트
콘텐츠 제공 및 감수 기상청

뜨인돌

노빈손 이상기후의 정체를 밝혀라

초판 1쇄 펴냄 2012년 6월 1일

지은이 장은선
일러스트 이우일
콘텐츠 제공 및 감수 기상청
펴낸이 고영은 박미숙

상무 김완중 ｜ 편집장 인영아 ｜ 책임편집 김영은
뜨인돌기획팀 이준희 김현정 홍신혜 ｜ 어린이기획팀 이경화 여은영 이슬아
세모길기획팀 박경수 이진규 ｜ 디자인실 김세라 오경화
마케팅팀 이학수 오상욱 진영수 김은숙 ｜ 총무팀 김용만 고은정

펴낸곳 뜨인돌출판(주)
출판등록 1994.10.11(제313-2011-185호)
주소 121-840 서울시 마포구 서교동 396-46
홈페이지 www.ddstone.com ｜ 노빈손 홈페이지 www.nobinson.com
블로그 blog.naver.com/ddstone1994
대표전화 (02)337-5252 ｜ 팩스 (02)337-5868

ISBN 978-89-5807-383-3 03530
(CIP제어번호 : CIP2012002375)

　이상기후는 이제 피할 수 없는 현실로 다가왔습니다. 봄·가을의 실종, 여름의 폭염, 겨울의 한파, 홍수와 가뭄 등 이미 세계 곳곳에서 극단적인 기상 재해가 나타나고 있습니다. 게다가 지구온난화가 계속되는 한 이상기후 현상은 더욱 더 극단적으로 변하고 사람들의 생명과 재산에 큰 위협을 가할 것입니다.

　기상은 생명을 살리는 기술입니다. 그래서 기상과 기후 변화를 신속 정확하게 예보하는 일은 중요합니다. 특히 우리나라는 이러한 기상 재해를 철저히 대비하기 위해 꾸준히 노력하여 세계 7위권의 기상 기술을 확보하였습니다. 하지만 아무리 첨단 관측 장비와 전문 인력으로 기상 예보를 한다고 하더라도 이상기후에 의한 피해를 다 막을 수는 없습니다.

　이대로 지구온난화가 지속되면 백여 년 뒤 한반도는 겨울을 잃어버리고, 해안가는 물에 잠기고, 잦은 홍수에 시달려야 합니다. 그렇다면 과연 그때를 손 놓고 기다려야만 할까요? 아니, 우리가 할 수 있는 것이 분명히 있습니다. 우리의 생활 속 아주 작은 부분들을 바꾸어 나가면 됩니다. 기상 재해에 시달리는 암울한 2112년을 목격하고 노빈손이 굳게 다짐한 것처럼 말입니다.

　기후 변화에 관한 한 '끔찍한 상상은 상상일 뿐' 이 아닙니다. 이 끔찍한 상상을 그대로 현실로 만들지, 아니면 상상에만 그치게 할지 선택은 바로 지금 노빈손과 함께 미래를 여행하게 될 우리들에게 달려 있습니다.

기상청 청장 **조석준**

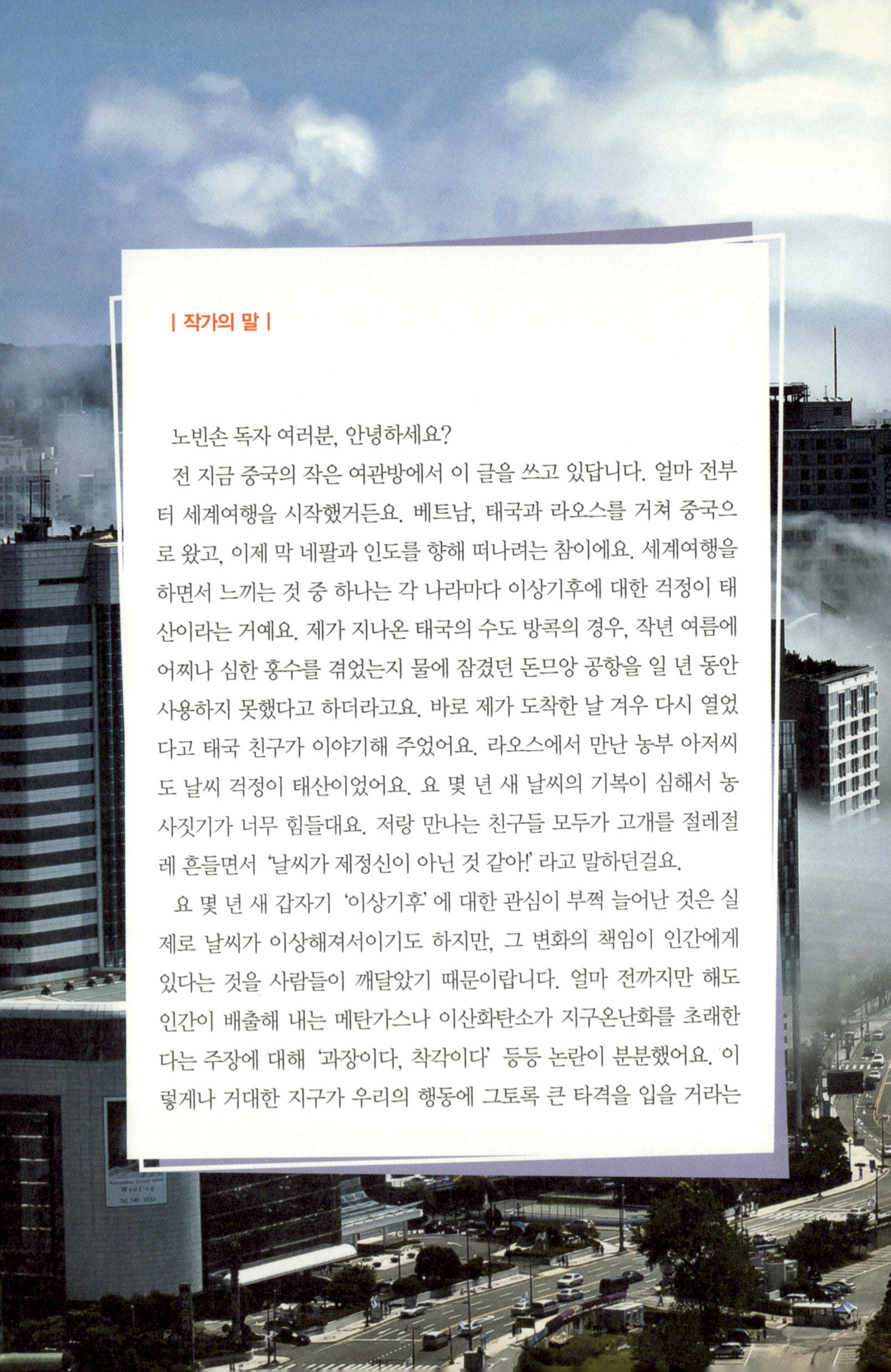

노빈손 독자 여러분, 안녕하세요?

전 지금 중국의 작은 여관방에서 이 글을 쓰고 있답니다. 얼마 전부터 세계여행을 시작했거든요. 베트남, 태국과 라오스를 거쳐 중국으로 왔고, 이제 막 네팔과 인도를 향해 떠나려는 참이에요. 세계여행을 하면서 느끼는 것 중 하나는 각 나라마다 이상기후에 대한 걱정이 태산이라는 거예요. 제가 지나온 태국의 수도 방콕의 경우, 작년 여름에 어찌나 심한 홍수를 겪었는지 물에 잠겼던 돈므앙 공항을 일 년 동안 사용하지 못했다고 하더라고요. 바로 제가 도착한 날 겨우 다시 열었다고 태국 친구가 이야기해 주었어요. 라오스에서 만난 농부 아저씨도 날씨 걱정이 태산이었어요. 요 몇 년 새 날씨의 기복이 심해서 농사짓기가 너무 힘들대요. 저랑 만나는 친구들 모두가 고개를 절레절레 흔들면서 '날씨가 제정신이 아닌 것 같아!' 라고 말하던걸요.

요 몇 년 새 갑자기 '이상기후' 에 대한 관심이 부쩍 늘어난 것은 실제로 날씨가 이상해져서이기도 하지만, 그 변화의 책임이 인간에게 있다는 것을 사람들이 깨달았기 때문이랍니다. 얼마 전까지만 해도 인간이 배출해 내는 메탄가스나 이산화탄소가 지구온난화를 초래한다는 주장에 대해 '과장이다, 착각이다' 등등 논란이 분분했어요. 이렇게나 거대한 지구가 우리의 행동에 그토록 큰 타격을 입을 거라는 사실을 믿기 어려웠기 때문이죠. 하지만 지금은 지구온난화 현상을 부정하는 주장은 거의 찾기 어려워졌습니다. 인간의 크기에 비하면 터무니없이 커다란 별임에도 불구하고, 지구는 인간의 행위에 매우 민감하게 반응하고 있으며 따라서 우리가 아끼고 돌보아야 할 대상이라는 걸 모두들 인정하기 시작했으니까요. 조금 늦었지만 지금이라도 사실을 알게 되어서 다행이지요. 그렇다면, 백 년 뒤의 지구는 어떻게 변할까요? 영화에 나오는 것처럼, 비정상적인 기후 변화로 인해 느닷없이 혹독한 얼음별로 바뀌어 버릴까요? 아니면 계속되는 과학기술 발전으로 환경 변화를 제어할 수 있게 될까요? 그것도 아니라면 서서히 다가오는 마지막 날을 황혼을 바라보듯 지켜보고 있을까요? 노빈손이 보게 될 백 년 뒤의 미래란 과연 어떤 것일까요?

지구의 미래가 장밋빛이든 흙빛이든, 이상기후로 북극 얼음이 녹든, 아프리카에 눈이 오든 간에, 확실한 것은 인간이 그 결과에 일조했을 거라는 사실입니다. 우리는 결코 지구 앞에서 무력한 존재가 아니며, 따라서 지구의 변화에 책임을 져야 해요. 지구 기후 변화를 논의하는 유엔세계총회에 온 알래스카의 원주민 이누이트 족의 대표는 녹아 내리는 얼음 때문에 삶의 디진을 잃어버린 사람들의 고통을 토로하며 이렇게 말했다고 합니다. "사람들이 우리에게 너무도 냉담합니다. 어떻게 하면 우리가 당신들 마음속의 얼음을 녹일 수 있을까요?" 노빈손이 그 얼음을 녹일 작은 불씨 중 하나가 되길 바랍니다.

장은선

어라?
우리
날고 있니?

더워?
헉-
헉-

노빈손

비가 오면 오나 보다, 황사가 불면 부나 보다. 평소 일기예보도 보지 않고 살던 노빈손, 2112년 미래로 타임 슬립하다! 슈퍼 황사, 슈퍼 토네이도, 슈퍼 모래 폭풍 등의 기상 재해를 온몸으로 호되게 겪는 와중에 타고난 잔머리와 모험만을 좇는 유별난 DNA를 이용해 이상기후를 일으킨 배후 세력을 추적하게 되는데……. 과연 노빈손이 마주친 뜻밖의 범인은 누구일까?

허수아비

기후 난민을 돕고 싶은 철저한 사명감으로 똘똘 뭉친 국제기구 블루플래닛 요원으로 노빈손을 대놓고 구박하고 은근히 챙긴다. 'F급이라고 놀리지 마라, 마음만은 A급이다'라고 한탄하다가 갑자기 A급 임무를 떠맡는다. 대체적으로 뒷북을 치면서 어설프게, 하지만 아주 가끔씩은 용감하고 결단력 있게 임무를 수행하던 중 자신의 모든 것을 걸어야 하는 상황을 맞닥뜨린다.

로보캅

허수아비와 노빈손이 가는 곳마다 나타나 충격과 공포를 안겨 주는 사나이. 허수아비의 선배 요원이었으나 마피아 조직 블랙레인의 스파이였다는 것이 들통나 쫓겨났다. 뭔가 숨겨진 아픈 사연이 많아 보이는 전형적인 나쁜 남자 스타일로 허수아비를 놀리는 것을 인생의 즐거움으로 삼고 있다.

오즈 박사

환경학자로 기상 조절 프로그램인 에덴 프로젝트의 창시자이자 파괴자. 22세기, 이상기후 현상을 극복하기 위해 에덴 프로젝트를 실험했다. 그리고 아무도 찾을 수 없는 곳으로 숨어 버려 아메리카 연합, 아시아 연맹, 그리고 마피아, 게다가 노빈손까지 그의 뒤를 쫓게 만든다.

심바

전문 프로그래머. 아저씨처럼 보이지만 실상은 천재 소년이다. 사이버 아이돌 백팔번뇌의 팬으로 자기가 만든 모든 프로그램을 백팔번뇌의 영상으로 포장한다. 오즈 박사의 은신처를 알고 있지만 노빈손과 허수아비에게 알려 주길 꺼려한다.

블루플래닛 팀장

입체 영상 속에서 때로는 대머리로, 때로는 호랑이로만 나타나는 허수아비의 상사. 아무도 그의 실제 모습을 본 사람은 없다. 부하가 토 달지 않고 복종하는 것을 좋아하며 자신도 상부의 명령에 아무런 이의를 제기하지 않는다.

모모

아프리카 아후아후 마을의 꼬마 아가씨. 웬만한 일에는 눈 하나 깜짝하지 않는 강심장의 소유자로 노빈손과 허수아비가 마을 사람들을 기상 재해로부터 대피시키려고 할 때 큰 도움을 준다.

# 프롤로그

2112년
세계 평화 유지를 위한 국제협력기구
블루플래닛의 중앙 홀

홀의 허공에 거대한 홀로그램이 떠 있었다. 수많은 육각형으로 이루어진 벌집 모양의 기호가 몇 겹이나 겹쳐져서 살아 있는 벌 떼처럼 꿈틀거렸다. 천장에서는 긴박한 기계음이 쩌렁쩌렁 울려 나왔다.

"경고! 경고! 긴급 사태! 긴급 사태!"

중앙 홀에 풍채 좋은 중년 사내들이 허둥지둥 모여 들었다. 얼핏 보기에도 요직의 인물들로 보였으나, 모두들 어울리지 않게 발을 동동 구르고 우왕좌왕하며 소리만 바락바락 질렀다.

"어떻게 방화벽이 뚫린 거지?"

"도대체 프로그래머들은 뭘 하고 있는 거야! 저거 안 막고 뭐해?"

고성이 난무하거나 말거나, 홀로그램의 작은 육각형 하나에서 시작된 붉은색은 무서운 기세로 번지고 있었다. 급기야 경보

기후 관련 국제협의기구는 IPCC(기후 변화에 관한 정부간 협의체)이다. 1988년에 유엔환경계획(UNEP)과 세계기상기구(WMO)가 공동으로 설립했다. 130개국, 2천 500여 명의 과학자들이 참여하고 있는데 기후 변화에 관련된 정보를 수집하고 그 영향력을 분석해서 보고서를 작성한다. 이 보고서에 따르면 지구온난화의 원인은 사람들이 산업화 과정에서 배출한 온실가스 때문이다. IPCC는 지구온난화에 대해 전 세계의 관심을 불러일으킨 공을 인정받아 2007년 노벨평화상을 수상했다.

음의 소리가 한 톤 높아졌다.

"경고! 경고! 기상 예측 시스템에 바이러스 침투! 바이러스 침투!"

"뭐라고? 기상 예측 시스템까지!"

시뻘겋던 사내들의 얼굴에서 핏기가 가셨다. 가장 두려워하고 염려했던 일이 일어난 것이다.

"막아! 무슨 일이 있어도 막앗! 데이터 차단벽을 강화해!"

"늦었어요! 이미 통제가 불가능합니다!"

급박한 상황에 프로그래머 한 명이 공중에 떠 있는 투명 자판을 미친 듯이 두들기며 악을 썼다.

"이대로 있다간 블루플래닛의 데이터가 죄다 파괴당할 겁니다!"

그 말을 들은 사내들의 얼굴이 잿빛으로 변했다.

"이상해……. 하필 이때 이렇게 빨리 침투하는 바이러스라니! 우연이나 실력 과시용이 아니야. 뭔가 목적이 있는 게 아닐까?"

"목적이라니?"

깜빡!

홀로그램의 마지막 남은 파란 부분이 붉

영국의 에덴 프로젝트

영국의 콘월 지방에는 실제로 '에덴 프로젝트'가 있다. 자연 교육을 목적으로 세워진 세계 최대 규모의 식물원이자 온실로 매년 수십만 명의 관광객이 찾아오는 유명한 곳이다. 열대, 온대, 지중해, 사막 등 세계 각지의 기후 환경을 갖춘 여러 개의 온실로 구성되어 있으며 각 기후대에서 자라는 다양한 식물들을 볼 수 있다. 가능한 한 지구상의 모든 식물의 씨앗과 열매를 보존한다는 목적으로 영국뿐 아니라 전 세계에서 모아 온 식물들을 볼 수 있다. 이 책에 나오는 에덴 프로젝트와는 완전히 다르니 헷갈리지 말자.

은색으로 변했다. 이제 홀로그램 전체가 핏빛이다. 또다시 경보음이 터져 나왔다.

"방화벽 최후 저지선 파괴! 기밀 데이터로의 접근을 막을 수 없음! 바이러스가 일제히 기밀 파일 OZ2112로 접근 중."

"OZ2112라고?"

"잠깐, 그 파일은 설마……."

순간 그 시끄럽던 홀 안이 쥐 죽은 듯이 고요해졌다. 그토록 핏대를 올리며 소리를 지르던 사내들이 돌처럼 굳어 버렸다. 프로그래머가 씹어 뱉듯 중얼거렸다.

"에덴 프로젝트! 바이러스가 에덴 프로젝트를 파괴했어!"

탄식과 비명이 터져 나왔다. 투명 자판을 두들기던 프로그래머는 이제 멍 하니 홀로그램만 바라볼 뿐이었다. 불길하게 반짝이는 핏빛이 시야를 가득히 덮었다.

"결국 이렇게 나올 텐가!"

누군가의 잇새로 낮은 신음 소리가 새어 나왔다.

"오즈 박사!"

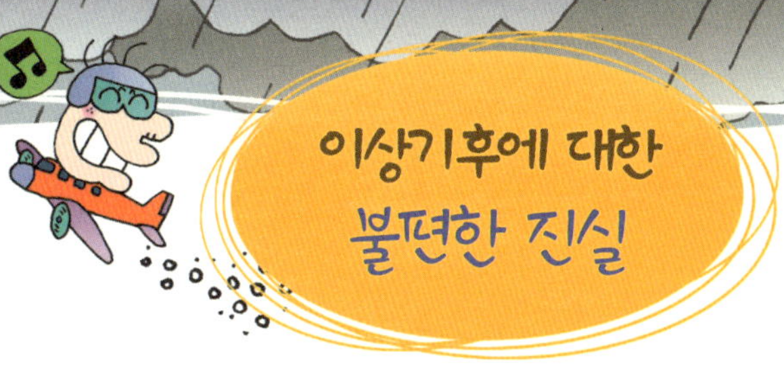

노빈손이 뿔났다! 매번 아무런 정보도 없이 모험을 떠나야 하는 자신의 운명에 대해 한바탕 불만을 토해 내는데……. 게다가 오늘은 황사 폭풍, 슈퍼 허리케인, 살인 폭염 등 온갖 극단적인 기상이변이 일어나는 미래로 가야 한다. 노빈손을 달랠 방법은 무엇일까? 이번 모험 주제에 꼭 필요한 기본 정보를 이해하기 쉽게 알려 주자.

노빈손 아니, 뭐든 좀 알려 주고 어디든 보내 줘야 할 거 아니에요? 만화책에서 얼핏 본 정보들로 버티는 건 한계가 있다고요. 몰라, 몰라. 아무것도 안 알려 주면 미래고 뭐고 안 갈 거예요.

허수아비 거참, 까다롭게 굴긴. 그럼 궁금한 걸 물어 봐. 무엇이든 알려 줄 테니.

노빈손 '기후'와 '기상'의 다른 점부터 얘기해 줘요. 왜 '기후'와 '기상'을 구분하나요?

허수아비 기상은 몇 시간이나 며칠 동안 일어나는 바람이나 비, 구름, 눈 등의 대기 현상을 일컫는 말이야. 반면 기후는 몇 개월이나 몇 년처럼 긴 시간 동안 발생하는 대기의 평균적 상태를 가리키지. 보통 기후는 30년 동안 발생한 기상의 평균값을 기준으로 삼아서 판단하고 있어.

노빈손 그러니까 기상은 짧은 시간 동안의 날씨고, 기후는 긴 기간 동안의 평균적인 날씨를 가리키는 거죠?

허수아비 그렇지. 쉽게 말하자면 기상은 사람의 기분 같은 거고, 기후는 사람의 성격 같은 거야.

노빈손 그렇다면 이상기후는 뭔가요? 이상한 기후라는 뜻인가요?

허수아비 이상기후는 기상이변이라고도 하는데 평상시 기후 수준을 크게 벗어난 기상 현상을 가리켜. 그러니까 30년에 한 번 꼴로 일어나는 아주 특이한 현상이라는 거지.

노빈손 요새 겨울은 오히려 더 추워진 것 같던데……. 이것도 이상기후인가요?

허수아비 그래. 평균 겨울 기온보다 낮으니까 그것도 이상기후지. 그런데 요즘 일어나는 이상기후 현상은 다 지구온난화 때문이라는 의견이 힘을 얻고 있어.

노빈손 지구온난화? 그건 지구가 따뜻해진다는 소리잖아? 그게 겨울에 추운 거랑 무슨 상관이 있어요?

허수아비 지구온난화는 전 지역이 동시에 뜨거워진다는 게 아니야. 지구의 온도가 올라가면 북극과 남극의 얼음이 자꾸 녹겠지? 그러면 그 얼음이 녹은 차가운 물이 흘러드는 지역에서는 오히려 엄청나게 추운 날씨를 맞이할 수 있다고.

노빈손 그럼 여름도 서늘해지는 건가요?

허수아비 천만에. 추울 때는 더 춥고, 더울 때는 더 더운 양극화 현상이 일어나. 우리나라만 해도 2010년에 폭설, 봄의 추위, 여름 폭염 등 '이상기후 종합 세트'가 일어났다니까! 미국, 유럽, 러시아에서는 겨울에 한파, 여름에 폭염이 닥치는 것은 당연한 일이 돼 버렸어.

노빈손 근데 지구온난화는 어떻게 일어나는 건데요?

허수아비 지구온난화를 일으키는 핵심 기체로 이산화탄소, 아산화질소, 메탄, 육불화황, 과불화탄소, 수소불화탄소 등이 있어. 이들을 온실가스라고 하는데, 대기 중에서 이 기체들은 지구의 에너지를 붙잡아 두는 역할을 해. 이 기체들이 많으면 에너지가 지구에 계속 쌓이게 돼서 결국 지구의 온도가 올라가는 거지.

노빈손 이산화탄소를 배출하지 말자는 캠페인을 본 적 있어요.

허수아비 온실가스의 양은 산업화 시대를 거치면서 엄청나게 늘어났어. 산업 혁명 전에는 이산화탄소 농도가 300ppm을 유지했지만 산업화 시대를 거치면서 390ppm으로 늘어났거든. 그리고 지구의 온도는 0.6℃ 올랐어. 그러니까 사람들이 온실가스를 많이 방출했기 때문에 지구의 온도가 올랐다고 할 수 있는 거야. 지난 10년간 이산화탄소를 계속 배출한 양만큼 인류가 이산화탄소를 더 배출한다면 2100년에는 지구의 이산화탄소 농도가 1,000ppm에 달할걸.

노빈손 그건 백 년 뒤 얘기잖아요. 근데 지금 겨우 0.6℃ 오른 거 가지고 왜 이리 난리예요?

허수아비 겨우 0.6℃가 아니라고. 지금 세계 곳곳에서 일어나고 있는 이상기후 현상을 봐. 남미와 북미의 동부 지역에서는 폭우가, 유라시아 남부, 아프리카 북부, 알래스카에서는 가뭄이 계속되고 있어. 남극과 북극의 빙하가 녹으면서 벌써 태평양과 카리브해에서는 땅이 가라앉고 있는 나라들도 생겨났잖아. 이상기후는 현실이야. 이제 좀 개념이 잡혀?

1
벌금
2 만 가닥을
……
케켁!
지금
네 가닥
뿐인데ㅡ
벌금이고
뭐고 우선
황사 헬멧을
……

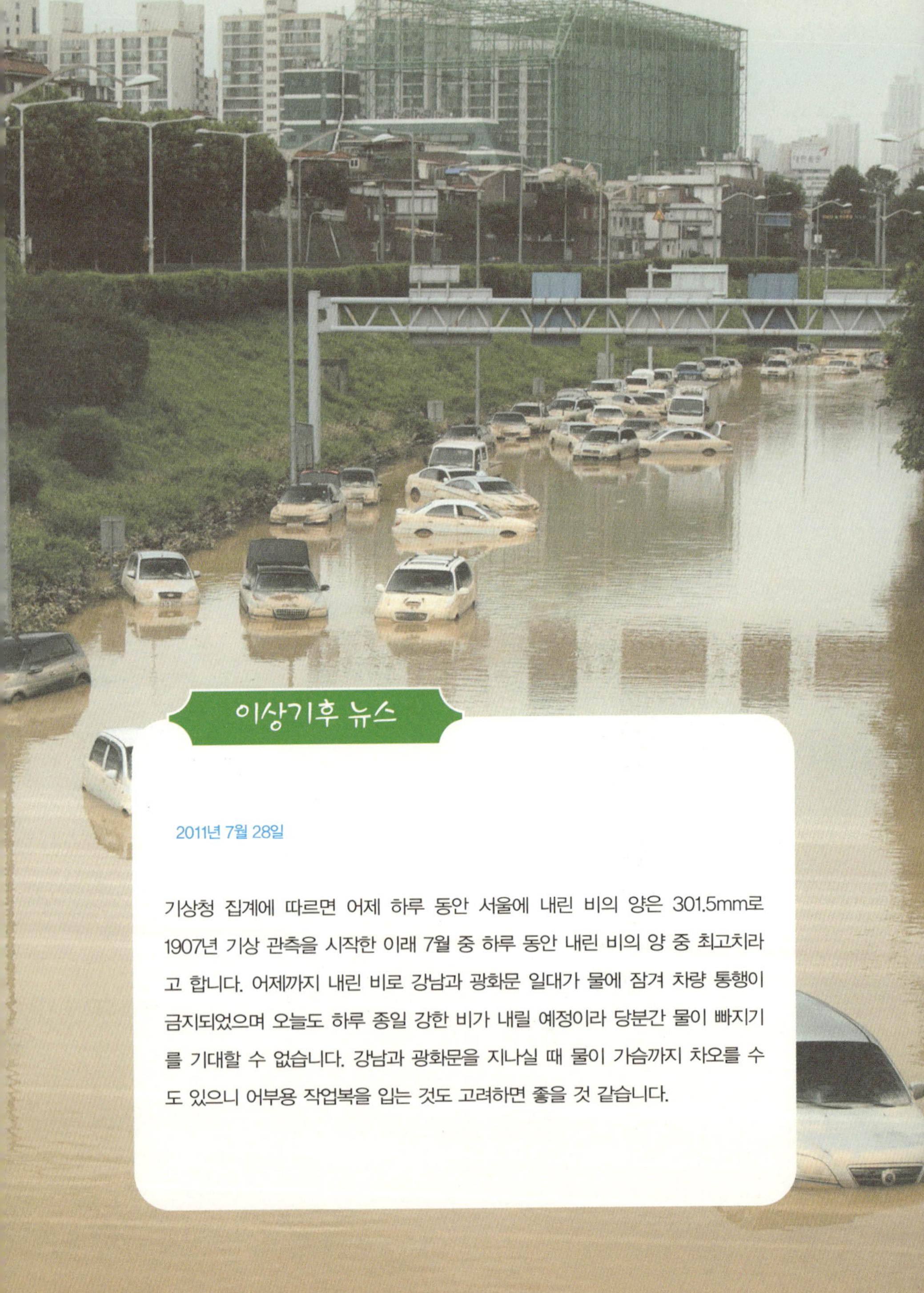

2011년 7월 28일

기상청 집계에 따르면 어제 하루 동안 서울에 내린 비의 양은 301.5mm로 1907년 기상 관측을 시작한 이래 7월 중 하루 동안 내린 비의 양 중 최고치라고 합니다. 어제까지 내린 비로 강남과 광화문 일대가 물에 잠겨 차량 통행이 금지되었으며 오늘도 하루 종일 강한 비가 내릴 예정이라 당분간 물이 빠지기를 기대할 수 없습니다. 강남과 광화문을 지나실 때 물이 가슴까지 차오를 수도 있으니 어부용 작업복을 입는 것도 고려하면 좋을 것 같습니다.

# 이상한 맨홀의 노빈손

하늘 위 누군가가 땅을 향해 물대포를 마구 쏘아 대고 있지 않을까 의심될 정도로 강한 빗줄기가 며칠째 내리 꽂히고 있었다.

어찌나 그 정도가 심했는지 모든 사람들이 비정상적으로 심각한 호우를 화제로 삼았다. 매스컴과 인터넷은 '통일신라 시대 이후 처음 내리는 폭우'니, '노아의 방주 재건 검토'니, '세계 멸망 임박'이니 하는 얘기들로 가득했다. 모든 사람들이 우려하고 근심했지만, 그 목소리들은 개미 허리만큼이나 가느다란 서울의 배수 시설에 하등 보탬이 되지 못했다.

그 결과, 배수관의 빗물이 역류했고 서울의 골목은 흙탕물이 넘치는 워터 파크로 변해 버렸다.

"뉴스에서 보기는 했지만……."

집 대문 앞에 서서 고고히 파도치는 구정물을 바라보던 노빈손이 중얼거렸다.

"이게 뭐야! 서울이 변기 버전 아마존이 됐잖아!"

"아직도 안 갔어? 그만 투덜거리고 얼른 슈퍼 가서 감자 사 와!"

심부름을 시킨 어머니의 목소리가 우렁차게 노빈손의 뒤통수를 때렸다. 노빈손은 조심조심 장화 신은 왼발을 물속으로 넣었다. 허

억! 무릎까지 빠져든다! 장화 신은 보람도 없이 순식간에 물이 밀려
들어와 발가락이 축축해졌다.

"윽, 드러워……."

얼씨구! 철썩, 쏴아~.

골목 모퉁이에서는 구정물이 굽이치며 파도마저 치고 있었다. 비
옷과 장화로 무장한 동네 꼬마들은 축제라도 벌어진 양 까르륵 웃으
며 물 위로 돌을 던져 댔다. 빗방울보다 훨씬 큰 파문이 퐁퐁 일었다.

"야야, 이거 봐라. 돌을 이렇게 던지면 튀어 오른다~."

한 꼬마가 돌을 수평으로 눕힌 채 수면 위로 던졌다. 수면에서 한 번 튀어 오른 돌은 퐁 소리를 내며 가라앉아 버렸다. 구경하던 아이들이 짝짝 박수를 쳤다.

"우아~, 굉장하다! 나도 할래!"

"나도, 나도!"

"에비! 애들아, 하지 마. 그러다가 지나가던 사람이 맞으면 어쩌려고 그래?"

보다 못한 노빈손이 제지하자, 마지못해 손을 내린 아이들이 입을 삐죽 내밀고서 쫑알거렸다.

"쳇, 아무도 안 지나가는데 그래."

"맞아. 자기가 못하니까 그러는 거야."

아이들의 투덜거림을 들은 노빈손의 이마에 힘줄이 솟았다.

"못하긴 누가 못해? 내 왕년 별명이 '물수제비 왕자'였다고!"

"감자 수제비를 잘못 들은 거 아니에요?"

노빈손은 아무 말 없이 납작한 돌멩이를 집어들고 수면 위로 비스듬히 던졌다. 돌멩이는 다섯 번이나 연속으로 물 위를 달리더니 퐁 소리를 내며 사라졌다.

놀란 아이들은 입을 쩍 벌리면서 열렬하게 손뼉을 쳤다.

기습 폭우의 원인을 찾아라

우리나라 여름 날씨의 공식은 6월 하순부터 한 달 동안 장마가 있고 나서 본격적인 무더위가 시작되는 것이다. 그런데 요 근래에는 장마 기간을 예측하기 어려워졌다. 7월의 강수량이 니날이 기록을 경신하는가 하면 8월에도 계속 비가 내렸다. 그 원인은 아직 정확하게 밝혀지지 않았지만 지구온난화 때문일 가능성이 크다. 기온이 올라가면 우리나라 여름 날씨를 결정하는 북태평양 고기압의 세력이 강해져 주변 기단과 더 많이 충돌하면서 대기를 불안정하게 만들기 때문이다.

"우아~, 형 진짜 짱이다!"

"한 번 더요! 한 번 더 해 봐요."

아이들의 환호에 우쭐해진 노빈손이 다시 돌을 집어 들었다. 마치 야구 선수라도 된 듯 투구 폼을 잡은 후, 던졌다! 돌이 수면 위를 튀어오르며 찰박거리는 물소리를 냈다.

찰싹, 찰싹, 퍽!

'엥? 퍽이라고?'

"야! 이놈아, 어디다가 돌을 던지는 거야?

차 유리를 깰 셈이야?"

길 건너편에 주차되어 있는 차 옆에서 낯선 아저씨가 시뻘게진 얼굴로 주먹을 휘두르고 있었다. 그쪽의 지대가 더 낮은지, 지붕만 내놓은 채 잠겨 버린 은색 차는 거꾸로 떠오른 고등어의 배처럼 보였다. 노빈손은 반사적으로 고개를 움츠렸다.

"죄, 죄송해요!"

"요 녀석, 너 거기 꼼짝 말고 있어!"

급기야 아저씨는 허리께의 물을 헤치며 노빈손 쪽으로 오기 시작했다. 그렇잖아도 차가 잠겨서 화가 났는데 울고 싶은 사람 뺨 때려 준 격이었다. 기겁한 노빈손은 뒤돌아서 도망치기 시작했다. 멍하니 서서

폭우가 백 년 만에 내렸다고?

비가 많이 올 때면 신문이나 방송에서는 일제히 '백 년 만의 기록적인 폭우'라는 제목을 내걸곤 한다. 이 말은 백 년 전에도 많은 비가 내렸다는 말이 아니다. 우리나라에서 본격적인 기상 관측이 시작된 1907년 이래로 가장 많은 비가 내렸다는 말이다. 따라서 '백 년 만의 폭우'보다는 백 년에 한 번 내릴까 말까 한 폭우라는 뜻의 '백 년 빈도의 폭우'가 좀 더 정확한 표현이다.

구경하던 아이들 중 한 명이 외쳤다.

"어, 형! 조심해!"

"어이쿠!"

깊은 물속에서 서둘러 움직이던 노빈손의 몸이 기우뚱했다.

첨벙!

요란한 물소리와 함께 거무튀튀한 색깔이 시야를 덮었다. 재빨리 일어서려 했지만, 이상하게도 발이 땅에 닿지 않았다. 등골에 소름이 돋았다.

'아뿔싸, 맨홀 구멍이야! 물의 압력 때문에 뚜껑이 벗겨졌구나!'

어떻게든 물 밖으로 나가려고 발버둥을 쳤지만 소용이 없었다. 노빈손은 비명도 한 번 못 지른 채 캄캄한 어둠 속으로 떠밀려 내려갔다. 회오리처럼 소용돌이치는 물살이 노빈손을 맞이했다.

세찬 물소리가 귓전에 울렸다. 노빈손은 거센 물살에 밀려 어디론가 떠내려갔다. 노빈손은 악을 쓰며 소리를 질렀다.

"사람 살려! 어푸……, 어푸……. 사람 살려!"

겨우 1℃ 올랐을 뿐이라고?

지난 백 년간 지구의 평균기온은 0.75℃ 올랐다. 그리고 우리나라의 평균기온은 그 2배가 넘는 약 1.8℃가 올랐다. 겨우 1℃ 내외 올랐을 뿐이지만 그 영향은 심각하다. 태국에서는 홍수가, 미국에서는 슈퍼 허리케인과 토네이도가, 아프리카에서는 극심한 가뭄이 기승을 부린 것이다. 이는 전에 없던 일이다. 우리나라에서도 2010년에는 한파와 폭설을, 2011년에는 엄청난 강수량의 폭우를 경험했다. 지구온난화가 계속되는 한 이런 이상기후 현상들은 더욱 심해지고 그 피해도 엄청날 것이다.

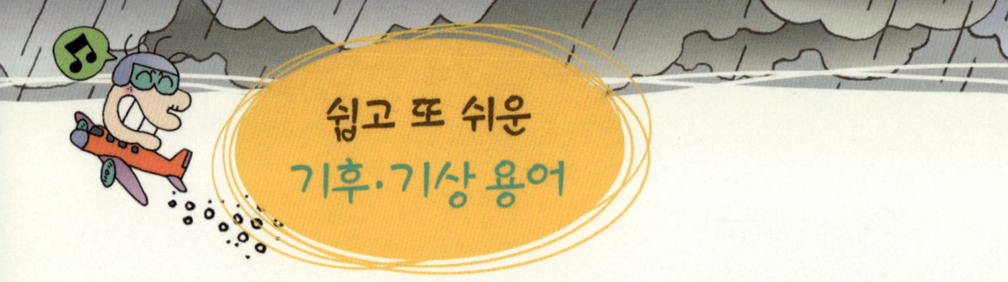

"지구온난화로 바닷물의 온도가 높아져 열대성 저기압의 세력이 커졌다", "중국과 몽골에서 발생한 황사가 편서풍과 계절풍을 타고 한반도로 이동한다" 무슨 말인지 모르겠다고? 어려울 거 하나 없어. 내가 아주 쉽게 기후·기상 용어를 알려 줄 테니까.

날씨의 변화 날씨는 지구를 둘러싼 공기가 움직이면서 변한다. 공기는 따뜻해지면 부피가 늘어나면서 위로 올라가고, 차가워지면 부피가 줄어들면서 아래로 내려간다. 똑같이 햇볕을 받고 있다고 해도 숲, 도시 등 장소의 조건이 다르면 온도가 다 다르다. 결국 바람은 이런 공기의 온도 차이 때문에 생기는 것이다. 그리고 공기 중에는 항상 지상의 물이 증발한 수증기가 있다. 이 수증기가 공기의 온도에 따라 비, 눈, 이슬, 안개 등으로 변해 내린다.

기단 넓은 지역에 걸쳐 있는 비슷한 성질의 거대한 공기 덩어리. 대체로 대륙에서 생긴 기단은 건조하고 바다에서 생긴 기단은 습기가 많다.

해풍과 육풍 햇볕이 내리쬐는 낮에는 육지의 공기가 더 따뜻하게 데워져서 위로 올라간다. 그러면 육지 쪽에 있는 공기의 양이 줄어들고 그 자리를 채우려 바다 위에 있는 상대적으로 차가운 공기가 육지로 몰려든다. 그래서

낮에는 육지 쪽으로 해풍이 분다. 반대로 밤에는 육지가 빨리 식으므로 육지의 공기가 상대적으로 따뜻한 바다 쪽으로 몰려가는 육풍이 분다.

 공기의 압력을 기압이라고 하는데 지상에서 공기가 많이 모여 있는 곳은 고기압이고 적게 모여 있는 곳은 저기압이다. 고기압은 공기가 무거워져 아래로 쌓이면서 하강기류가 생기고 저기압은 공기가 가벼워져 위로 올라가면서 상승기류가 생긴다. 공기는 양이 많은 쪽에서 적은 쪽으로 움직이므로 바람은 고기압에서 저기압 쪽으로 분다.

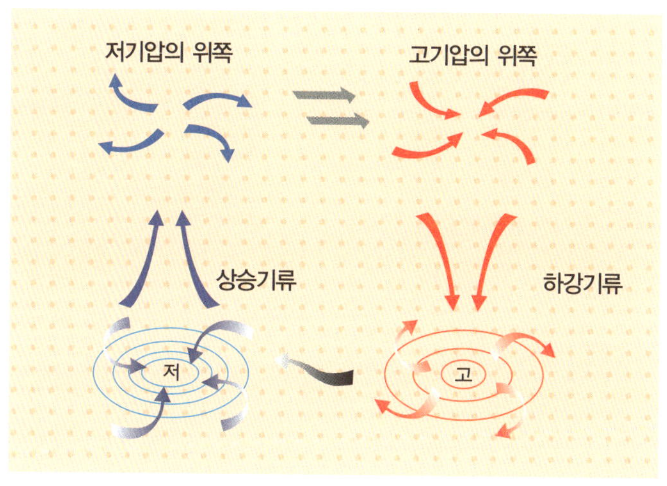

 공기가 위로 올라갈수록 온도는 떨어져 공기 속에 있는 수증기가 뭉치게 된다. 그래서 구름이 잘 생겨 비가 내리기 쉽다. 반대로 고기압에서는 공기가 아래로 내려오면서 따뜻해져 속에 있는 수증기를 다 날려 버리므로 구름이 잘 생기지 않는다.

북태평양 고기압　여름철 북태평양에서 생겨나는데 주변보다 온도가 높은 온난 고기압으로 위로 부풀어 있어 키다리 고기압이라고도 한다. 우리나라 여름철 날씨에 영향을 준다.

시베리아 고기압　겨울철 시베리아에서 생겨나는데 주변보다 온도가 낮은 한랭 고기압으로 오그라들어 있어 키 작은 고기압이라고도 한다. 우리나라 겨울철 날씨에 영향을 준다.

열대성 저기압　열대 바다에서 생겨난다. 뜨겁게 데워진 열대 바다 위의 공기가 엄청난 속도로 상승기류를 만들면서 큰 구름을 만들고 강풍과 폭우를 만들며 이동하는 것이다. 열대성 저기압을 우리나라는 태풍, 미국은 허리케인, 인도양은 사이클론이라고 부른다.

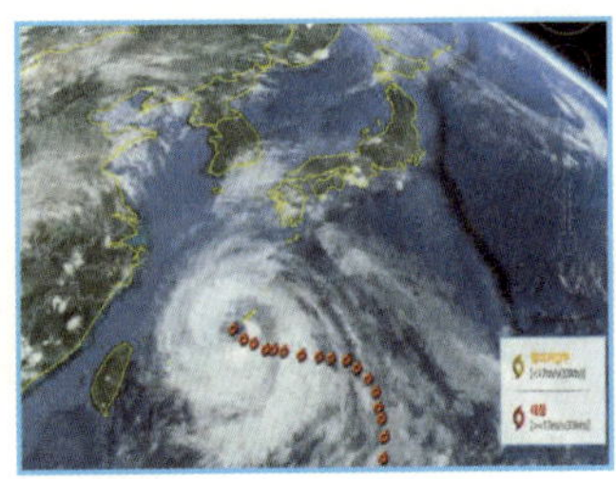

우리나라로 다가오는 태풍_천리안 위성 사진

무역풍　편서풍과 함께 지구 위에서 언제나 같은 방향으로 불고 있는 바람이다. 지구에서 태양 에너지를 가장 많이 받는 곳은 적도인데 뜨거워진 적도의 공기가 위로 팽창하여 올라가면 각각 남쪽과 북쪽에서 공기가 적도 쪽으로 밀려들어 생기는 바람이 무역풍이다. 무역풍은 지구 자전의 영향을 받아 동쪽에서 적도 쪽으로 분다. 그러니까 북위 30도 지방까지는 북동 무역풍이 불고, 남위 30도 지방까지는 남동 무역풍이 분다.

 편서풍은 중위도 지방에서 부는 바람으로 열대에서 중위도로 많이 몰려든 공기가 기압이 낮은 극지방 쪽으로 움직이는 것이다. 편서풍도 지구 자전의 영향을 받지만 적도 쪽이 아니라 극지방 쪽을 향해 움직이기 때문에 바람의 방향은 서쪽에서 불어온다.

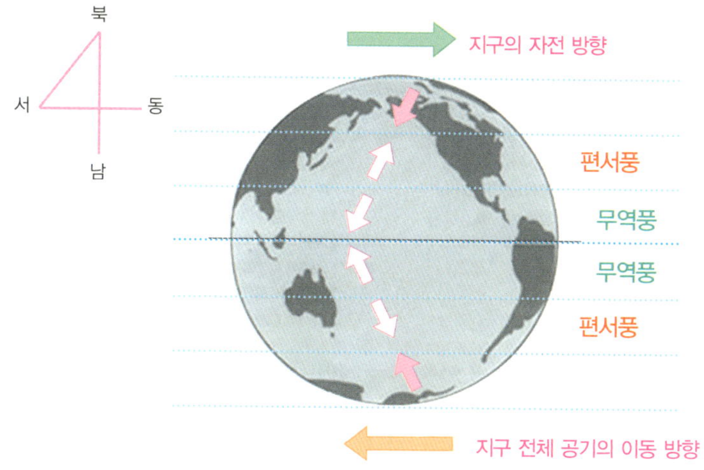

 반 년 주기로 방향이 바뀌는 바람이다. 여름에는 바다에서 대륙 쪽으로 불고 겨울에는 대륙에서 바다 쪽으로 분다. 우리나라에선 여름에 남동풍이, 겨울에 북서풍이 분다.

 바닷물이 움직이는 것으로 바람의 움직임과 이동 방향이 비슷하다. 해류는 순환하면서 적도 지방의 태양 에너지를 고위도에 나눠 준다.

2112년 1월 5일

몽골이 완전히 사막으로 변했습니다. 세계사막화방지센터에서 조사한 바에 따르면 몽골에 남아 있었던 3km 남짓한 녹지가 지난겨울 모래 바람에 완전히 뒤덮인 것이 확인되었다고 합니다. 2000년대부터 지난 백 년 동안 세계산림자원센터, 세계사막화방지센터 등에서 나무를 심는 등 몽골의 사막화를 방지하기 위한 많은 노력을 기울인 바 있습니다. 그러나 최근 2, 3년 사이에 극심한 가뭄이 들어 사막화를 막을 수 없었다고 합니다. 이제 계절에 상관없이 북서풍이 불 때마다 우리나라에는 황사가 5배 이상 심해지겠습니다. 시민 여러분께서는 황사 현상이 있는지 날마다 일기예보에 귀 기울여 주시길 바랍니다.

# 허수아비의 비극

2112년
아시아 연맹, 대한민국 서울의 한강변

여의도 옆에 섬처럼 둥둥 떠 있는 '아시아 국제 게임 센터'는 서울 최고의 입체 게임 설비를 자랑하는 장소다. 이곳은 일대일 격투 게임을 높은 천장 아래 펼쳐진 홀에서 거대한 입체 홀로그램으로 실감 나게 보여 주는 설비가 되어 있기 때문에 인기가 높았다. 홀로그램 게임 장은 어디에나 있지만, 진짜 경기장에서 실물 크기의 홀로그램으로 보여 주는 곳은 이 게임 센터뿐이었다. 주로 프로 게이머들이 경기하는 장소인데, 오늘은 일반인도 게임할 수 있는 날이었다.

링 위에서는 얼핏 보면 실재 인물 같은 차이나 드레스를 입은 여성과 중세 기사 차림을 한 남성이 정신없이 싸우고 있었다. 팽팽한 접전이긴 했지만 양쪽 다 그다지 뛰어난 수준은 아니었다. 그 증거로, 아이들 몇 명 말고는 관전자도 없었다.

중세 기사를 조종하는 양복 차림의 청년, 허수아비는 대전 캡슐 안에서 땀을 뻘뻘

점점 많이 불어오는 황사

매년 봄이면 황사에 대비하라는 뉴스가 나오곤 한다. 황사는 중국과 몽골 등의 사막화 지역 쪽에서 불어오는 먼지바람이다. 기상청 자료를 살펴보면 1970년대 23일, 1980년대 41일, 1990년대 70일, 2000년대 117일로 황사 발생 일수가 점점 늘어나는 것을 볼 수 있다. 이것은 지구온난화로 인한 가뭄, 사라지고 있는 숲, 가축 방목 등 때문에 중국과 몽골의 사막화로 사막 지역이 점점 넓어지고 있기 때문이다.

흘리며 정신을 집중하고 있었다. 입에서는 끊임없이 뭐라고 중얼거리는 소리가 새어 나왔다.

"그게 내 탓이냐고! 상사면 다야? 나도 답답하다고! 내가 어쩌다 쓰레기 분리수거 차 꽁무니나 쫓아다니는 임무를 맡게 된 거지?"

허수아비는 급기야 빽 소리를 지르면서 오른손으로 허공에 대고 헛주먹질을 했다.

"F급 업무 맡으려고 블루플래닛에 들어간 게 아니란 말이야아아아~ 필살! 업무 스트레스 스트레이트 펀~~취이!"

빠아아악!

허수아비의 스트레스를 담뿍 담은 스트레이트 펀치가 상대 캐릭터의 명치에 깨끗하게 꽂혔다. 나가떨어진 상대 캐릭터가 흐릿해졌고, 급기야 KO 표시가 떠올랐다. 대전 상황을 보고 있던 아이들 몇 명이 박수를 쳤다. 안도의 한숨을 내쉰 허수아비는 게임 센터를 나왔다.

조금은 후련해진 허수아비의 마음처럼 서울 하늘도 맑으면 좋으련만 변함없이 뿌연 황사 먼지들이 허수아비 주변을 휘감아 돌았다.

"지겨운 황사!"

허수아비는 왼손을 들어 머리 위를 휘저

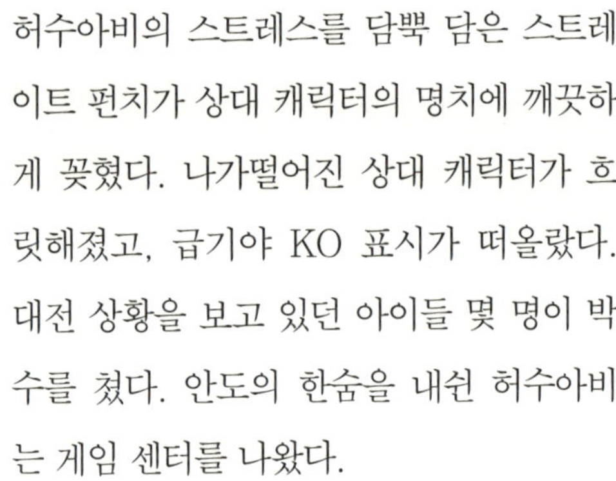

황사는 겨우내 얼어 있던 건조한 지역의 땅이 녹으면서 잘게 부서져 생겨나는 먼지 때문에 일어난다. 숲을 개간하거나 가축을 방목한 곳의 땅은 겨울과 봄에 흙만 드러날 수밖에 없다. 가뭄이 계속되어 생겨난 흙먼지가 바람이 불면 계속 하늘로 날려 올라가고 이런 과정을 몇 년 동안 반복하다 보면 흙은 다 사라지고 모래만 남게 되어 결국 사막이 된다. 뿌리로 흙을 붙잡아 줄 수 있는 식물이 없어 흙이 사라지고, 흙이 사라져 식물이 자랄 수 없는 악순환이 반복되는 것이다. 이를 사막화라 한다.

었다. 그러자 우주인 헬멧처럼 생긴 두건이 뒤에서 지잉 하고 올라와 허수아비의 머리를 감쌌다. 요즘은 황사 차단 헬멧이 달린 옷을 입지 않으면 길거리를 다닐 수 없다. 한강 다리 위를 걸어가자니, 아까 게임을 관전했던 꼬맹이 하나가 쪼르르 따라왔다.

"형, 진짜 짱이다! 아까 맨 마지막에 쓴 필살기요, 그거 어떻게 날리는 거예요?"

허수아비가 픽 웃더니 손가락을 튕겼다.

"넌 아직 구현 못 하는 기술이야."

"우아! 혹시 프로게이머예요?"

"아니, 블루플래닛 요원이야."

"우아아! 블루플래닛! 국제기구 말이에요?"

허수아비가 고개를 끄덕이자 아이가 환호성을 올렸다.

"최고다! 국제요원은 처음 봐요! 형은 몇 급이에요?"

황사 차단 헬멧 너머로 보이는 아이의 두 눈이 초롱초롱했다. 아이는 동경심을 가득 담고 허수아비를 올려다보았다. 차마 거기다 대고 가장 말단인 F급 요원이라 털어놓을 순 없었던 허수아비는 짐짓 심각한 표정을 지었다.

몽골이 사막으로 변하고 있다

2007년, 몽골 정부의 조사 결과 최근 10여 년간 1천 200여 개의 호수와 연못, 850여 개의 강, 2천 300여 개의 개울이 말라붙었다고 한다. 몽골 국토의 90% 지역에서 사막화가 진행되고 있는 것이다. 2100년쯤에는 몽골이라는 나라가 아예 사라져 버릴지도 모른다고 한다. 땅이 사막으로 변하면서 더 이상 유목을 할 수 없는 유목민들이 도시로 몰려들면서 빈민으로 전락하고 있어 심각한 사회 문제가 되고 있다.

“기밀이라 말해 줄 수 없다. 특수 임무를 수행 중이거든.”

“그, 그럼 A급?”

“쉿! 말하면 안 된다. 악당들이 어디서 우리의 대화를 엿듣고 있을 지 모르니까 말이야.”

아이는 서둘러 주위를 두리번거렸다. 그 모습을 보며 허수아비가 씨익 웃었다. 그때 발아래에서 묘한 소리가 들려왔다. 첨벙대는 물소리와 연거푸 헐떡거리는 소리…….

“앗! 사람이 한강에 빠졌어요!”

허수아비보다 먼저 아래를 내려다본 아이가 외마디 비명을 질렀다. 검은빛이 감도는 누런 한강물 속에서 뭔가가 떠내려가고 있었다. 아이가 허둥대면서도 왠지 기대에 찬 눈빛으로 허수아비를 바라보았다.

“형, 저 사람 좀 구해 주세요! 국제기구 요원이라면서요?”

“뭐? 나?”

당황한 얼굴로 힐끗 한강 위를 쳐다본 허수아비가 손을 내저었다.

“아냐, 아냐. 황사 먼지 속에서 잘 안 보이나 본데, 매끈매끈한 걸 보니 부표야.”

“하지만 저렇게 몸부림치는데요?”

아이의 반박에 어쩔 수 없이 다시 한 번

한국의 기후는 어떻게 변할 것인가?

북반구일수록, 고위도일수록, 대륙일수록 지구온난화의 영향을 더욱 많이 받는다. 한반도는 중위도에 있고 아시아 내륙에 붙어 있기 때문에 기온 상승 속도가 세계 평균보다 두 배 가까이 높은 것이다. 이 속도대로 간다면 약 백 년 뒤인 2100년쯤 한반도는 산악 지방과 북부 지방을 제외하고는 거의 아열대 기후로 바뀔 것이다. 기후 변화의 영향으로 가장 우려되는 것은 집중호우와 태풍이다. 30년 내에 최대 풍속이 초속 70m가 넘는 슈퍼 태풍과 맞닥뜨릴지도 모른다.

내려다본 허수아비가 고개를 흔들었다.

"그럼 문어인가 보지. 머리통에 털도 하나 없잖아."

아이가 입을 막 열려는 순간, 두 사람의 귓전에 희미한 비명소리가 들려왔다.

"헉…, 사람 살려어……."

"형! 말을 했어요! 역시 사람인가 봐요!"

"으이구! 알았다고! 그래, 들어간다, 들어가!"

허수아비는 벌컥 화를 내면서 옷을 벗어 던지고는 코를 잡더니 다리 난간에서 뛰어내렸다.

 # 노빈손, 불법체류자 되다

어떻게 물 밖으로 나왔는지 모르겠다. 겨우 정신을 차려 보니, 노빈손은 한강변 근처에 누워서 더러운 물을 토해 내며 숨을 씩씩 들이마시고 있는 중이었다. 오장육부기 요동치는 기분이었다.

숨을 들이쉴 때마다 까끌까끌한 황사 먼지가 목에 거치적거리며 온몸에 퍼지는 것 같았다. 구역질을 하다하다 지친 노빈손이 겨우 힘을 내어 옆에 누운 허수아비를 향해 소리를 질렀다.

"웩…, 웩…, 대체 뭐 하러 들어온 거예요? 기껏 뛰어들어 와 놓고 같이 허우적대면 어떡해욧!"

"켁…, 이… 자식…! 이 황사 속에서 자길 구하러 강에 뛰어든 생명의 은인한테 그게 할 말이냐?"

역시 켁켁거리며 황사 먼지와 물을 뱉던 허수아비가 입가를 훔치며 지지 않고 노빈손에게 쏘아붙였다.

"웩…, 생명의 은인이긴! 내 머리통에 낙지처럼 달라붙어 가지곤 살려 달라고 외쳤잖아요!"

"켁…, 시끄러워! 동그랗고 반들반들하기에 부표인 줄 알았단 말이야."

"웩…, 애초에 헤엄도 못 치면서 들어오긴 왜 들어왔어요?"

"켁…, 너는 아까 내 상황의 절박함을 모르지? 내가 안 뛰어들면 그 애가 나를 던져 넣을 분위기였다고!"

계속 구역질을 하면서도 입씨름을 멈추지 않는 두 사람을 말린 것은 다름 아닌 펭귄 모양의 로봇이었다. 한강 순찰 로봇이 허우적거리던 두 사람을 구한 것이었다.

"여러분은 한강에 들어가서는 안 된다는 시민 규칙을 위반하셨습니다. 벌금 2만 가닥을 지불해 주십시오."

허수아비는 벌레 씹은 표정을 하면서 로봇에게 다가갔다.

"켁…, 황사 차단 헬멧 예비용 갖고 있지? 먼저 그것부터 줘. 켁…, 숨부터 쉬어

황사가 일어나면 눈병, 호흡기 질환, 피부 질환 등에 걸릴 위험이 커진다. 황사 기간에는 먼지가 집 안으로 들어오지 못하도록 창문을 꼭 닫아야 하며 되도록 외출을 삼가야 한다. 꼭 외출해야 한다면 긴 소매 옷과 마스크를 꼭 착용해서 먼지가 피부와 호흡기로 들어오지 않도록 한다. 외출하고 돌아오면 즉시 손과 얼굴을 깨끗이 씻고 가능한 한 샤워를 하는 것이 좋다. 또 몸 안에 들어온 먼지가 잘 배출될 수 있도록 물을 많이 마신다.

야겠어."

펭귄 로봇은 두건 2개를 내밀었다. 허수아비는 허둥지둥 두건을
머리에 쓰고 나머지 1개를 노빈손에게 주었다. 노빈손도 얼떨결에
허수아비를 따라 두건을 썼다. 두건은 저절로 노빈손의 머리 모양에
맞춰지며 헬멧 모양을 만들었다. 황사 먼지가 코로 들어오지 않자
한결 편안해졌다.

노빈손은 멍하니 자기 키보다 조금 더 큰 로봇을 올려다보았다.

'이건 뭐지? 그러고 보니, 난 왜 한강에 빠졌지? 분명히 난 집 앞에서 맨홀에 빠졌었는데……'

"뭐야, 이 로봇은?"

노빈손이 중얼거리자 허수아비가 돌아보았다.

"뭐라니? 순찰 로봇이잖아."

"아니, 그런 게 왜 한강에 있어요? 게다가 2만 가닥이라니. 그게 뭐예요?"

"가닥 말이야, 가닥! 시맹의 화폐잖아."

점점 더 어리둥절해진 노빈손은 허수아비에게 물었다.

"'원'이 아니고요?"

그 말에 대답한 것은 허수아비가 아니라 순찰 로봇이었다.

"화폐 단위 '원'은 2088년 이래 사용되지 않고 있습니다. 현재는 아시아 연맹의 통합 화폐인 '가닥'을 사용합니다."

"헉! 로봇이 알아듣고 대답을 했어!"

노빈손의 말에 허수아비가 대놓고 어이없는 표정을 지었다. 노빈손은 무심코 침을 꿀꺽 삼켰다가 구정물 맛이 나서 다시 뱉었다.

"우웩!"

헬멧 안에서 노빈손이 뱉은 물이 노빈손의 얼굴에 도로 튀었다. 보이고 들리고 말하는 것 모두 자연스러워 헬멧을 쓰고 있다는 것을 깜빡했다.

"그, 그럼 지금은 몇 년이죠?"

"2112년입니다."

노빈손의 입이 쩍 벌어졌다. 그러나 노빈손이 충격을 받건 말건, 인정머리 없는 로봇은 제 할 말만 하고 있었다.

"시민번호를 말씀해 주십시오."

"어…, 시민번호? 그건 뭔데요?"

로봇이 끼리릭 움직이더니 사뭇 다른 톤으로 말을 이었다. 목소리는 똑같은데도 어쩐지 협박조로 들렸다.

"시민번호를 제시하지 않으시면 불법체류자로 간주되어 체포 및 국외 추방됩니다."

"에에엑?"

노빈손이 기겁을 하며 허수아비를 돌아보았다. 허수아비가 당황하며 물었다.

"뭐야, 너 시민번호 없어?"

"어…, 없어요……."

로봇이 성큼 노빈손 앞으로 다가왔다. 놀란 노빈손은 양팔을 마구 휘저으며 설득을 시도했다.

"자, 잠깐! 국외 추방이라니? 전 불법체류자가 아니에요! 100% 한국인 노빈손이라고요! 아 유 스피크 코리안? 나의 유창한 발음을 들어 봐요! 이 콩깍지는 깐 콩깍지인가 안 깐 콩깍지인가!"

주민등록번호란?

우리나라의 국민은 1962년 제정된 주민등록법에 따라 자신이 사는 주소지의 시, 군, 구에 등록되어 있어야 한다. 주민등록번호 가운데 앞의 여섯 자리는 생년월일이고 나머지 일곱 자리는 성별과 지역코드, 검증번호이다. 성별 코드에서 1은 남자, 2는 여자를 표시하는데 2000년 이후 태어난 사람부터 남자는 3, 여자는 4로 표시된다. 지역코드는 출생신고를 처음 한 지역을 뜻하고 그다음 한 자리는 출생신고가 접수된 순서다. 마지막 자리는 주민등록번호가 진짜인지 확인해 주는 오류 검증번호이다.

　로봇의 굳건한 두 팔이 노빈손을 붙잡았다. 반사적으로 버둥거리던 노빈손은 자신을 난처한 눈으로 바라보는 허수아비를 발견했다. 노빈손이 애절한 목소리로 외쳤다.

　"왜 보고만 있어요? 어떻게 좀 해 줘요!"

　"하지만 도와줄 방법이 없는걸. 없는 시민번호를 나보고 어짜라고……."

　"그런 인정머리 없는 말이 어디 있어요!"

　그때였다.

　갑자기 로봇의 팔이 이상하게 꿈틀거리더니 멈췄다. 동시에 눈구멍의 불이 팟 하는 소리와 함께 꺼져 버렸다. 파닥거리던 노빈손이 정지한 로봇을 올려다보았다.

　"뭐야? 얘 왜 이래?"

　로봇을 본 허수아비는 재빨리 주위를 둘러보았다. 순찰 로봇만이 아니었다. 근처의 가로등들도 하나둘씩 꺼져 가고 있었다. 갑자기 허수아비가 냅다 노빈손의 팔을 낚아챘다.

　"지금이야! 도망쳐!"

　"뭐요? 앗, 잠깐만요!"

　노빈손은 영문도 모른 채 허수아비에게 끌려 깊은 어둠 속으로 숨어 들어갔다.

블루플래닛의 지령

길모퉁이 몇 군데를 돌고 나니 어두침침한 정적이 두 사람을 감쌌다. 노빈손은 헐떡거리다가 비명을 질렀다.

"악! 눈…, 눈…앞이 희뿌옇게 변했어요! 내 눈이 잘못됐어!"

"바보."

허수아비는 낮게 중얼거리고는 팔을 뻗어 노빈손의 황사 헬멧 앞부분을 닦아 주었다. 노빈손은 머쓱해져서 얼른 말을 돌렸다.

"로봇이 왜 갑자기 고장 난 거죠?"

"바이러스 영향일 거야."

"바이러스?"

"그래. 어제 서울에 있는 블루플래닛 본부의 중앙 컴퓨터가 바이러스로 엉망이 됐어. 그 바이러스가 한강 순찰 시스템에까지 침투한 것 같아. 고쳤다곤 히지만 아직 완전히 복구되진 않았나 봐."

"블루플래닛은 또 뭐예요?"

"…국제협력기구 블루플래닛 말이야. 넌 도대체 아는 게 뭐니? 생긴 것도 외계인처럼 생겨서는."

3D 입체 영상의 원리는?

사람이 사물을 입체적으로 볼 수 있는 것은 양쪽 눈의 사이가 65mm 정도 떨어져 있는 덕분이다. 각각 한쪽 눈만 감고 보면 보이는 광경이 다른데 뇌에서 이 두 모습을 합쳐 주어 입체감을 느낄 수 있게 한다. 2대의 카메라 사이를 65mm 정도로 벌려 촬영한 영상을 오른쪽 장면은 왼쪽 눈이 볼 수 없게, 왼쪽 장면은 오른쪽 눈이 볼 수 없게 제작된 안경을 쓰고 보면 입체적으로 볼 수 있다. 현재 안경이 필요 없는 3D 기술도 개발되었으며 레이저를 이용해 허공에 입체 영상을 띄우는 홀로그램도 활발하게 연구되고 있다.

노빈손의 얼굴을 빤히 들여다보던 허수아비가 한숨을 쉬었다.

"그나저나, 너 진짜 운 좋다. 시민번호가 없으면 순찰 로봇에게 바로 걸리는데 어떻게 돌아다닌 거야? 요즘 기후 난민이 급격히 늘어나서 시맹과 메연이 불법 체류자에 얼마나 까다로운데."

"시댁과 매형?"

"시맹과 메연! 아시아 연맹과 아메리카 연합의 약칭이야."

허수아비가 혀를 끌끌 차더니 노빈손의 어깨를 툭툭 쳤다.

"어쨌든, 행운이 따르든지 말든지. 그럼 조심해서 잘 가라."

"잠깐! 지금 나더러 혼자 가라는 거예요?"

허수아비가 이맛살을 찌푸렸다.

"더 이상 골치 아프기 싫다. 원래대로라면 난 널 신고해야 하는 입장이란 말이야."

"전 과거에서 와서 아무 데도 갈 데가 없단 말이에요."

"그게 무슨 소리야?"

그때 허수아비의 왼쪽 손등이 꼬마불이 켜진 것처럼 깜빡깜빡 번쩍이기 시작했다. 깜짝 놀란 노빈손과는 달리 허수아비는 깊은 한숨

부터 내쉬었다.

"아……, 쉬는 날까지 호출이야. 너 저기 가서 좀 엎드려 있어."

노빈손은 영문도 모른 채 시키는 대로 했다. 노빈손이 골목의 그림자 속으로 사라지는 걸 확인한 허수아비는 고개를 까딱했다. 손등에서 눈부신 빛이 뿜어져 나오면서 입체 영상이 허공에 떠올랐다.

활활 타오르는 불 속에 커다란 대머리가 둥둥 떠 있는 영상이었다. 예상치 못한 광경에 놀란 노빈손이 멍하니 입을 벌렸다. 대머리가 다급한 목소리로 말을 꺼냈다.

"허수아비! 네 녀석한테 비밀 지령이 내려왔다."

"……네?"

예상치 못한 소식인 모양이었다. 잠깐 굳어 있던 허수아비가 관자놀이를 탁탁 치더니 더듬거리며 되물었다.

"비…, 비밀 지령이라뇨?"

입체 영상이 바뀌었다. 오대양 육대주를 압축해 그린 것 같은 화려한 문양이 빛 속에 떠오르더니 눈이 어지러울 만큼 빙글빙글 돌다가 불타 사라져 버렸다. 허수아비의 눈이 휘둥그레졌다.

"말도 안 돼! 이 문양은…, A급 지령이 아닙니까? 이런 중요한 임무를 왜 저 같은 말단한테?"

"내가 너한테 묻고 싶은 심정이다! 나도 상부의 명령을 전할 밖에. 지금 있는 길에서 오른쪽으로 나가면 '닐라리'가 주차되어 있다. 그 차가 네게 지령 내용을 알려 줄 거다."

허수아비가 서 있던 자리에서 펄쩍 뛰어올랐다.

가상현실? 증강현실?

길거리에서 휴대 전화 카메라를 켜고 주위를 비추면 주변 가게들의 위치, 메뉴와 가격 정보 등이 화면에 나타난다. 이런 서비스는 증강현실 기술을 이용한 것이다. 증강현실은 실제 세계와 가상현실을 혼합했다는 뜻이다. 눈으로 보는 현실 세계에 컴퓨터의 정보를 덧붙여 나타내 주는 기술로 교육, 게임, 광고 등 다양한 분야에서 이용되고 있는데 특히 교육 분야에서 유용하다. 예를 들어 과학 시간에 카메라로 책의 그림을 비추면 실험 과정이 입체 영상으로 화면에 나타나는 식으로 활용할 수 있다.

"니…, 닐라리? 오, 맙소사! 그건 인공지능 가상 비서가 탑재된 최고급 자동차잖아요!"

"입 다물어라. 침 떨어지는 거 다 보인다. 나도 못 타 본 닐라리는 부럽군. 어쨌든 잘해라. 건투를 빈다."

영상이 사라졌다. 허수아비의 왼손이 떨리고 있는 것이 어둠 속에서도 보였다. 살금살금 기어 나온 노빈손이 허수아비를 톡 쳤다.

"어떻게 사람 머리가 불 속에 떠 있을 수가 있어요?"

"그건 우리 팀장님의 아바타야."

초점 잃은 눈빛으로 꿈을 꾸듯 대답하던 허수아비가 갑자기 환호성을 올리며 덩실덩실 춤을 추었다.

"끼요오오오옷~! 기회다! 기회가 왔어! 세상에, 내가 A급이라니! F급으로 커피나 타면서 버텨 온 보람이 있구나!"

A급 요원과 그의 조수

갑자기 노빈손은 등 뒤에서 섬뜩한 기척을 느끼고 조심스럽게 고개를 돌려 곁눈질을 했다.

아뿔싸!

아까 강변에서 노빈손을 붙잡았던 로봇이 어느새 바로 뒤에 와 서 있었다. 위풍당당한 로봇의 얼굴에서 콧김이 뿜어져 나오는 것 같은 기분이 들었다.

"도주 중인 불법체류자 발견. 지금 체포하겠음."

우악스런 로봇 팔이 노빈손의 양팔을 꽉 붙잡았다. 마치 수갑처럼 팔뚝을 파고드는 서늘한 감촉에 소름이 돋았다.

"이, 이거 놔! 난 아니라고! 아니라니까!"

"시민번호가 없으면 불법체류자로 간주됩니다."

로봇의 기계음은 단호하고 차갑기 이를 데 없었다. 그때 골목 안쪽에서 음산한 목소리가 날아들었다.

"그 팔 놔 주시지."

생체칩 논란

현재 의료 분야에서는 사람의 의료 정보를 칩에 넣어 몸속에 이식하는 생체칩을 개발하고 있다. 환자가 의식을 잃어 말을 못 하는 위급한 상황에서 칩의 정보를 인식해 바로 치료하기 위해서다. 또 신분증이나 카드, 현금을 가지고 다닐 필요 없이 바로 신원 확인과 금융 거래가 가능한 기능의 생체칩도 개발될 것이라 예상된다. 하지만 생체칩으로 개인의 은밀한 정보까지 다 통제되고 드러날 수 있다. 인간의 존엄성 훼손과 사생활 침해를 근거로 생체칩에 대한 반대가 거세다.

거만을 백 겹 덧칠한 듯한 허수아비의 목소리였다. 허수아비는 허리를 뒤로 젖히고 고개를 한껏 들어 올린 도도한 자세였다. 조금 전 노빈손을 데리고 도망칠 때의 소심한 표정을 찾아볼 수 없었다.

허수아비가 왼손을 들었다. 그러자 조금 전 보았던 세계지도 입체 문양이 화려한 빛을 뿜으며 나타났다.

"국제기구 블루플래닛의 A급 요원, 코드네임 허수아비다. 그 사람은 내 임무에 필요한 인물이야. 내가 데리고 가겠다."

순찰 로봇은 순순히 노빈손의 팔을 놓고 뒤로 물러났다. 노빈손은 멀어져 가는 로

봇의 기계음을 들으면서 팔뚝을 문질렀다. 로봇이 사라지자 허수아
비는 두 팔을 허공으로 쳐들고서 발을 동동 구르며 소리 없이 환호
했다. 노빈손은 놀란 눈으로 그를 바라보았다.

"도대체 뭐가 어떻게 된 거예요?"

"F급 요원과 A급 요원은 수준이 다르니까. 원래 난 이런 걸 하고
싶어서 블루플래닛에 들어온 거라고! 암행어사처럼 나타나서 곤경
에 처한 사람을 구하는 그런 거! 어릴 때부터 내 꿈이었어!"

여전히 저 혼자 좋아서 펄쩍펄쩍 날뛰는 허수아비를 어이없게 바
라보며 노빈손은 궁금한 게 새록새록 생겨났다.

"그런데 손등에서는 어떻게 영상이 나오는 거예요?"

"아, 이거? 이건 블루플래닛에 소속
된 사람들에게만 주어지는 생체칩이야."

허수아비의 왼쪽 손등에서는 작은 점이
푸르스름한 빛을 내며 깜빡거렸다.

"이 손등 안에 칩이 들어 있어서, 신분 증
명, 통신, 전자머니 지불, 자동차 조종까지
전부 자동으로 처리할 수 있거든. 요원만
의 특권이지."

"우아! 진짜 편하겠다."

감탄하던 노빈손은 문득 의문이 생겼다.

"그런데, 칩이 몸 안에 들어가 있는데 부
작용은 없나요? 혈액 순환에 문제가 생긴

미래 한국은 다문화 사회

국토연구원의 보고서에 따르면
2050년 한국은 저출산으로 인한
저인구, 초고령화 사회, 외국인
이주 증가로 인한 다문화 사회가
될 것이라고 한다. 2100년이 되
면 우리나라 인구는 3천 700만
으로 줄어들고 2007년 기준으로
100만 명 정도였던 국내 외국인
체류자 수는 4배 이상 증가해 인
구 10명 당 1명 정도가 외국인일
것이다. 그리고 2020년에 우리
나라 어린이 5명 가운데 1명이
다문화 가정의 자녀일 것이라는
예측도 있다.

다든지, 일거수일투족을 모두 감시당한다든지.”

“너 안 가니?”

허수아비의 노려보는 눈길에 노빈손은 얼른 시선을 돌렸다.

“에이, 저 갈 데 없는 거 다 아시면서. 인정 많으신 A급 요원님. 저는 첩보전 전문이에요. 그러니까 저를 마음껏 조수로 쓰세요.”

“어쩌다 너 같은 녀석이랑 얽혔지?”

허수아비는 투덜거렸지만 가라는 말은 더 이상 하지 않고 잠자코 발걸음을 옮겼다.

노빈손은 얼른 뒤따라가며 넉살 좋게 말을 붙였다.

“황사 차단 헬멧 진짜 좋아요. 2112년에는 황사가 정말 심하네요. 날씨는 이렇게 따뜻한데……. 얼른 황사가 그쳐야 봄을 마음껏 누릴 텐데. 그쵸?”

허수아비가 무슨 소리를 하냐는 듯이 돌아보았다.

“지금 1월이야.”

“네? 지금이 겨울이라고요?”

허수아비는 놀라는 노빈손을 못 본 척하면서 무심하게 말했다.

“겨울이라? 옛날에는 그런 이름의 계절이 있었다고 배웠지. 눈도 내렸다더라.”

“눈이 안 온다고요?”

“한반도가 아열대 기후로 바뀐 지가 언젠

22세기 한반도의 모습은?

한국정책평가연구원 자료에 따르면 2100년쯤 한반도의 연평균기온은 지금보다 4℃ 오른 16.3℃가 되고 강수량은 지금보다 17% 증가할 것으로 예상된다. 해수면이 지금보다 20.9cm쯤 높아져 해안 지방 곳곳이 침식되고 물에 잠겨 약 15만 명이 그 피해를 입게 될 것이다. 여름철의 이상 고온 현상으로 8천 700여 명이 사망하며 쌀 생산량도 15%가 줄어들 것이다. 냉·온대림은 거의 사라지고 대신 아열대 식물들이 그 자리를 차지할 것이다.

데? 난 한 번도 눈 내리는 걸 본 적이 없어."

"그, 그럼 크리스마스나 연말 때는 어떡해요? 눈사람은? 눈싸움은? 첫눈 오는 날 만나자는 약속은?"

노빈손이 애절하게 묻자, 허수아비가 어이없어하며 대답했다.

"첫눈 오는 날 만나서 뭐 하게?"

"……저, 여자 친구 없죠?"

"그런 이름의 여자 사람이 존재한다는 소문은 들었지."

 # 오즈 박사를 찾아라

지시받은 방향으로 가니, 정말로 은빛 날치처럼 빛나는 차 한 대가 두 사람을 기다리고 있었다. 바퀴가 없는 자기 부상 자동차였다. 가까이 다가가자 차문이 날개깃처럼 양옆 위로 들어 올려졌다. 허수아비가 뜨거운 시선으로 구석구석 핥듯이 차를 쳐다보았다.

노빈손이 중얼거렸다.

"세상에! 너무 멋지다. 꼭 〈트랜스포머〉 같아."

"〈트랜스포머〉라니, 백 년 전에 히트 친 구식 로봇 영화 말이야? 감히 이 닐라리를 그런 구석기 시대 영화랑 비교하다니!"

"어쨌거나 멋지다는 말이에요."

노빈손은 얼른 조수석에 올라탔다. 차는 허수아비가 운전석에 올

라타자 자동으로 출발했다. 동시에 차 안이 환하게 밝아지면서 앞쪽 유리창에 입체 영상이 떠올랐다. 깔끔하고 단아한 여성의 목소리가 울려 퍼졌다.

"안녕하십니까, 허수아비 요원. 지금부터 임무를 전달해 드리겠습니다."

"아, 예. 안녕하십니까. 잘 부탁드립니다."

허수아비가 주눅이 든 목소리로 허공을 향해 정중하게 머리를 숙였다. 노빈손은 왠지 큰 소리로 말하면 윽박지를 것 같은 분위기라 속삭였다.

"왜 자동차한테 존댓말을 쓰고 그래요?"

"아니…, 이 차가 나보다 훨씬 더 귀한 몸 같아서……."

입체 영상 속에 하얀 가운과 안경을 걸친 할아버지의 모습이 나타났다. 깡마르고 깐깐해 보이는 인상이었다. 노빈손이 멀뚱멀뚱 그 모습을 바라보고 있는데, 허수아비가 손가락을 탁 튕겼다.

"오즈 박사네!"

"그게 누구예요?"

노빈손이 묻자 자동차의 목소리가 대신 대답했다.

"세계적인 환경학자입니다. 국제기구 블루플래닛과 함께 이상기후 현상을 막고 날씨를 조절하기 위해 에덴 프로젝트를 진행하고 있었죠."

"음? 에덴 프로젝트? 그게 뭐죠?"

이번에는 허수아비가 어리둥절한 눈으로 물었다. 자동차가 매끄러운 목소리로 설명했다.

"현재 인류는 종잡을 수 없는 이상기후 현상과 극심한 환경 변화로 어려움을 겪고 있습니다. 에덴 프로젝트는 지구의 날씨 변화를 완벽하게 제어함으로써 고통받는 사람들을 구하는 환경과학 프로젝트입니다."

노빈손이 입을 쩌억 벌렸다.

"우아! 2112년에는 그런 것도 가능해?

미래의 자동차는 어떤 모습일까?

자동차의 연료로 주로 쓰이는 석유와 가스 등의 화석 연료는 온실가스인 매연을 발생시킨다. 때문에 온실효과의 주범으로 지목되고 있기도 하다. 그래서 미래의 자동차는 화석 연료를 쓰지 않는 방향으로 개발되고 있다. 현재 대표적인 친환경 자동차는 하이브리드 방식인데 하이브리드는 두 가지 동력원이 결합되었다는 뜻이다. 보통은 엔진과 전기 모터를 함께 사용한다. 전기를 함께 사용하므로 석유가 훨씬 적게 드는 장점이 있다.

진짜 굉장하다~!"

"그런데 그 오즈 박사한테 무슨 일이 생겼나요?"

허수아비가 묻자 다시 허공에서 대답이 돌아왔다.

"며칠 전 바이러스가 블루플래닛의 컴퓨터를 공격했죠? 그 바이러스를 퍼뜨린 범인이 바로 오즈 박사입니다."

허수아비의 눈이 쟁반처럼 휘둥그레 커졌다.

"뭐, 뭐라고요? 왜 그런 짓을?"

"그 바이러스로 인해, 블루플래닛의 데이터베이스 안에 들어 있던 에덴 프로젝트 프로그램이 파괴되었습니다. 실행을 눈앞에 두고 있던 에덴 프로젝트가 사라질 위기입니다. 오즈 박사는 바이러스를 뿌리고 바로 자취를 감추었습니다."

노빈손이 옆에서 끼어들었다.

"하지만 에덴 프로젝트를 진행하던 사람이 오즈 박사라면서요? 그런 사람이 왜 자기 손으로 데이터를 파괴하고 도망간……."

"저에게는 그 질문에 대한 답이 입력되지 않았습니다."

목소리가 거침없이 노빈손의 말허리를 잘랐다.

"어쨌든 허수아비 요원에게 내려진 지령은 '오즈 박사의 행방을 찾는 것'입니다."

허수아비가 눈을 가늘게 뜨면서 턱을 쓰

우리나라 숲은 한 해에 4천 100만의 이산화탄소를 흡수할 수 있다. 이는 자동차 1천 518만 대가 내보내는 양에 해당하고 우리나라의 연간 이산화탄소 배출량 6억 2천만 중 약 6.6%에 해당된다. 산림 1ha(1만㎡)는 매년 7t의 이산화탄소를 흡수해 저장하고, 매일 18명이 숨쉴 수 있는 산소를 제공한다. 아마존 열대 우림은 지구 산소의 10%를 제공하고 있지만 개간과 벌목으로 지금도 2초 당 축구장 1개 정도의 면적이 사라지고 있다.

다듬었다.

"그렇군요. 알겠습니다."

"참고로, A급 요원에게 전달된 지령은 비밀 유지를 위해 5초 후 폭파됩니다."

허수아비와 노빈손의 낯빛이 순식간에 샛노랗게 변했다.

"뭐라고? 아니 잠깐! 차 세워! 지금 차를 폭파한다고?"

사색이 되어 땀을 삘삘 흘리는 두 사람을 향해 목소리가 예의바르게 말했다.

"농담입니다."

"……."

노빈손은 잠시 얼음이 되었다가 놀라서 입만 뻐끔뻐끔거리는 허수아비를 바라보았다.

"22세기의 자동차에는 예능감도 입력되어 있나 봐요?"

허수아비가 한숨을 내쉬며 털썩 몸을 뒤로 눕히더니 기운 없이 말했다.

"하나도 안 웃기잖아!"

"그래서 지금 어디로 가는 거죠?"

노빈손의 물음에 허수아비 대신 자동차의 목소리가 여전히 예의바르게 대답했다.

"'검은 숲'입니다. 오즈 박사가 마지막으로 목격된 곳이 바로 검은 숲에 있는 산장입니다."

허수아비의 안색이 심각하게 변했다.

"어디라고? 검은 숲이라면……."

"그 숲이 왜요?"

노빈손이 묻자 허수아비가 고개를 천천히 저었다.

"한반도의 동북쪽에 있는 숲으로 요 근래 이상 생태 현상을 보이는 곳이야."

허수아비가 눈짓으로 입체 영상을 훑어 내렸다. 허수아비의 시선 방향을 따라 오즈 박사에 대한 정보들이 영상에 파라락 스쳐 지나갔다. 노빈손은 눈을 반짝이며 입체 영상 화면을 향해 손을 뻗었다. 하지만 손가락은 허무하게 영상을 스쳐 지나갔고, 그 모습을 본 허수아비가 피식 웃었다.

"원시인이냐? 손가락으로 백날 터치해 봐라. 되나."

"이거 어떻게 움직이는 건가요? 난 아무리 눈으로 쳐다봐도 안 되는데."

"이 차는 내 눈빛에만 반응하도록 맞춰져 있어."

노빈손의 입이 닭 부리처럼 튀어나왔다.

"그럼 난 아무것도 못하나요? 텔레비전도 못 보고?"

"이건 내 차니까."

허수아비는 노빈손에게는 거만하게 말했지만 이내 자동차 천장을 향해 공손하게

물었다.

"저, 자동차 님. 혹시 보조 리모컨 같은 건 없나요?"

"비상용으로 준비된 구형 리모컨이 있습니다."

여전히 친절한 음성과 함께 납작한 카드 하나가 툭 떨어졌다. 노빈손은 그 카드를 물끄러미 바라보았다. 허수아비가 놀렸다.

"차 리모컨이야. 설마 리모컨도 모르는 건 아니겠지?"

노빈손은 손가락으로 납작하고 작은 카드를 톡톡 쳤다.

"이게 무슨 리모컨이에요?"

"우아, 리모컨도 모른대. 이런 원시인!"

"내가 왜 리모컨을 몰라요? 텔레비전 리모컨이라면 발가락으로도 조종할 수 있는 사람인데! 이건 그냥 카드잖아요!"

"작동법도 모르잖아? 그만둬! 자동차 님의 리모컨에 발가락 들이대지 마!"

두 사람이 티격태격하고 있는 사이에도 자동차는 KTX처럼 빠른 속도로 달렸다.

2112년 1월 6일

그동안 여행지로 각광받았던 검은 숲에 작년 가을부터 이상 벌레들이 증식하여 여행 주의보가 내려졌습니다. 이 벌레들은 매미의 모습을 하고 있는데 벌침과 비슷한 독성의 독침을 가지고 있는 것으로 밝혀졌습니다. 이 벌레들은 그동안 보고되지 않았던 종류로 생물학자들은 이 지역의 작년 평균기온이 평년에 비해 5℃ 정도 상승한 이상 고온 현상 탓에 생겨난 변종이라고 주장하고 있습니다. 게다가 검은 숲은 최근 2년간 중국 동북 지방의 사막화가 갑자기 빠르게 진행된 관계로 언제 모래 바람에 뒤덮일지 모르는 곳이니 시민 여러분들은 여행에 각별한 주의를 기울이시기 바랍니다.

 # 앞에도 뒤에도 온통 검은 숲

아시아 연맹, 한·중 국경 지역의 검은 숲

"야, 그만 자고 일어나."

어느새 차 안에서 잠들었나 보다. 어깨를 흔드는 손에 단잠을 깬 노빈손은 풀린 눈으로 허수아비를 올려다보았다.

"지금 몇 시예요? 우리 밤새 달려온 건가요? 자리가 불편해서 잠도 별로 못 잤는데……."

"내 자동차 님의 시트에 침을 한 바가지나 흘리면서 잔 사람이 누구더라? 벌써 새벽이야. 얼른 정신 차리고 이거 입어."

허수아비가 노빈손에게 옷 꾸러미를 건넸다. 언뜻 보기엔 우주복과 비슷한 복장이었다.

"이게 뭐죠?"

"여기는 사막화 지역 근처라 황사가 더 지독해. 헬멧만으로 안 돼. 이런 옷을 입어 줘야 한다고."

허수아비는 어느새 옷을 다 갈아입고 녹색 선글라스를 내리면서 대꾸했다. 노빈손은 무릎 위에 놓인 옷을 내려다보았다.

사막화의 심각성

유엔환경계획(UNEP)에 따르면 아시아에서 사막화된 땅은 남한 면적(10만㎢)의 167배가 넘는다고 한다. 아프리카 지역의 사막보다도 넓은 것이다. 전 세계 땅의 3분의 1 지역에서 사막화가 진행 중이고 매년 6만㎢의 땅이 사막으로 바뀌고 있다. 사막화가 계속되면 2030년에는 7억 명 이상이 물을 찾아 떠돌아 다녀야 한다. 사막화는 한 나라의 문제가 아니라 전 지구의 문제이다. 그래서 중국, 몽골 정부뿐 아니라 우리나라의 정부와 기업 등에서 몽골에 나무 심기 사업을 하고 있다.

“얼른 입어. 여기 모래 바람을 그대로 맞았다가 너처럼 될까 봐 겁난다.”

“뭐라고요?”

“머리가 수영 모자를 쓴 것처럼 매끈해질까 봐 무섭다는 얘기야.”

“이 개성 있는 헤어스타일이 어때서요?”

두 사람은 황사 차폐복으로 완전 무장을 마치고는 차에서 내렸다. 과연 서울과는 비교할 수 없을 정도로 심한 먼지바람이 불고 있었다. 먼지들은 여기저기서 자욱하게 피어오르고 있었다. 주변을 둘러본 노빈손은 경악했다.

“이게 뭐야?”

두 사람은 어느 절벽 끝에 서 있었다. 절벽 아래쪽에도, 두 사람의 앞쪽에도 넓게 숲이 펼쳐져 있었다. 그런데 숲의 색깔이 초록빛이 아니었다. 희뿌연 먼지 속에서 마치 태워 버린 토스트 식빵처럼 시꺼멓게 죽어 있었다. 툭 치면 부러질 것처럼 삐쩍 마른 나뭇가지에, 고동색과 검정색으로 변해 버린 이파리들. 그 모습이 유령들의 모임마냥 스산했다. 노빈손은 오싹해져서 온몸을 부르르 떨었다.

“어떻게 이렇게 넓은 숲이 전부 썩을 수가 있지? 으악!”

고개를 들이대고 가까운 나무를 살펴보던 노빈손은 소스라치게 놀라며 뒷걸음질을 쳤다. 나뭇가지와 이파리에 숭숭 난 구멍 사이로 검고 빨간 벌레들이 오락가락하고 있었다. 사각사각 소름 끼치는 소리가 들리는 것만 같았다. 나무 전체가 구멍 난 치즈처럼 보일 정도로 상태가 심각했다. 징그러운 나머지 네 가닥의 머리카락이 모두

곤두섰다.

"이건 도대체……."

"이상고온 때문이야."

"뭐요?"

허수아비가 쓸쓸한 표정으로 나무 앞에 다가섰다.

"원래는 초록색이 검게 보일 정도로 많다고 해서 검은 숲이었는데 이젠 정말 검은 숲이 돼 버렸어. 정말 아름다운 숲이었는데……. 2, 3년 사이에 이렇게 변한 거지. 돌연변이를 일으킨 벌레들에 모래 바람까지 덮치니까."

공기는 노란색이요, 나무는 검은색이 된 세상의 모습은 얼른 깨고
싶은 악몽이었다. 불과 하루 전일 뿐인데 노빈손은 마음껏 숨 쉴 수
있는 공기와 초록색 식물을 너무나 당연하게 만났던 어제가 아득하
게 느껴졌다.

 # 마피아 로보캅

발밑에서 뚝 하고 마른 나뭇가지 부러지는 소리가 났다. 먼지바람
이 회오리를 그리며 여기저기서 소용돌이를 만들고 있었다. 노빈손
과 허수아비는 내비게이션 입체 영상에 의지해 산장을 찾아냈다. 산
장은 버려진 이 숲에도 사람이 찾아오던 시절이 있었다는 걸 증명하
는 유적처럼 보였다. 허수아비가 왼손으로 산장을 스캔하며 말했다.

"오즈 박사는 여기서 이 숲을 연구하다가 블루플래닛을 바이러스
로 공격하고는 도망쳤어. 여기서부터 단서를 찾아야 해."

"그럼 우선 안을 뒤져 봐요."

노빈손이 산장 계단에 막 발을 올렸을 때였다. 느닷없이 뒤쪽에서
굵은 바리톤의 목소리가 들렸다.

"오랜만이다, 허수아비."

허수아비의 발이 뭔가에 걸린 것처럼 탁 멈췄다. 노빈손은 목소리

가 들려온 쪽으로 시선을 돌렸다.

산장의 오른쪽에서 다부진 인상의 사내가 천천히 걸어 나왔다. 투명 황사 헬멧 너머 왼쪽 눈썹 위에 삐뚤빼뚤한 흰 흉터가 눈에 띄었다. 허수아비가 놀란 눈으로 그를 향해 외쳤다.

"선배!"

어리둥절해진 노빈손은 허수아비를 바라보았지만, 허수아비의 시선은 눈앞에 선 사내에 못 박힌 채였다.

"선배가 여기 어쩐 일이죠?"

"야, 오랜만에 만났는데 잘 지냈냐고 묻지도 않는 거냐?"

사내는 느긋하게 볼을 긁으며 대답했지만, 허수아비는 빳빳하게 굳은 채 상대를 노려볼 뿐이었다. 노빈손이 허수아비의 허리를 쿡쿡 찔렀다.

"누구예요?"

"코드네임 '로보캅'. 예전에 블루플래닛의 A급 요원이었던 사람이야."

"A급 요원을 어떻게 알아요? F급 요원이었으니 같은 팀이었을 리도 없는데."

"어? 그, 그건……."

허수아비의 목소리가 우물쭈물 작아졌다. 로보캅이 피식 웃었다. 로보캅이라는 코드네임에 걸맞게 냉혹하고 딱딱하기 그지없게 생긴 사내였다.

온도가 오르면 숲이 죽는다

미국 서부에서는 최근 나무가 죽는 속도가 2배로 빨라졌다. 평균 기온이 0.56℃ 높아진 만큼 해충의 활동이 활발해졌기 때문이다. 우리나라에서도 전에 없던 새로운 해충들이 기승을 부리고 있다. 국립산림과학원에 따르면 1년에 한 번 생기던 아열대성 해충인 솔나방이 최근엔 2번 이상 생겨나고 있고, 아열대성 해충인 꽃매미가 2006년부터 서울과 경기, 전북 정읍, 경북 상주 등에서 새로 나타났다고 한다.

"가르쳐 줄까? 난 이 녀석의 '체면의 은인'이야."

"네? 체면의 은인?"

"서, 선배!"

허수아비가 울상을 지으며 팔을 휘둘렀지만, 로보캅의 말은 멈추
지 않았다.

"어느 날이었나? 사무실로 걸어가는데 복도 위에 웬 분홍색 편지
가 떨어져 있는 거야. 요즘 같은 세상에 누가 손으로 편지 같은 걸

쓰나 싶어서 주워 봤더니……."

"그만! 그만해!"

"글쎄 이 녀석의 고백 편지였지 뭐냐!"

"……."

노빈손은 아무 말 없이 허수아비를 돌아보았다. 허수아비의 얼굴이 힘차게 솟아오르는 아침 태양처럼 벌겋게 달아오르고 있었다. 로보캅이 키득거리면서 말을 이었다.

"거기 뭐라고 써놨는지 알아? '저기요, 혹시 오늘 많이 피곤하지 않으세요?'"

"그, 그만해!"

허수아비가 시뻘게진 얼굴로 로보캅에게 달려들었지만 로보캅은 허수아비의 필사적인 손놀림을 유연하게 피하며 흔들림 없이 말을 이었다.

"'왜냐면 어제 종일 그대가 내 머릿속에서 돌아다녔거든요……' 어유, 진짜 손발이 불에 구운 오징어처럼 오글오글!"

노빈손은 자신의 손등을 마구 긁으며 말했다.

"여보세요, 허수아비 님? 혹시 제 손발 못 보셨어요? 원래는 요렇게 쫙쫙 펴진 건데……."

"아아악! 제발 그만!"

결국 로보캅을 잡는 걸 포기한 허수아비가 부들부들 떨리는 손가락으로 삿대질을 하며 외쳤다.

"선배 진짜 나빴어요! 왜 남의 편지를 읽고 그래요? 사생활 침해야!"

"무슨 소리야? 내가 먼저 발견했기에 망정이지, 만일 그게 소문이 났으면 네가 블루플래닛에서 얼굴을 들고 다닐 수나 있었겠어?"

"차라리 그게 나았어요! 그 이후로 선배가 저랑 마주치기만 하면 묘한 눈웃음을 치고 의미심장한 말들을 던지는 바람에 선배랑 저를 놓고 더 이상한 소문이 퍼진 건 알아요?"

얼굴이 완전히 토마토가 된 허수아비가 발까지 동동 구르면서 항변했다. 그 말을 들은 로보캅의 표정이 심각하게 변했다.

"너…, 설마!"

"에?"

"이상한 소문으로 나를 모함해서 블루플래닛에서 쫓아낸 범인이……."

"예에?"

"누군가 했더니만, 너였나? 소문을 없애고 내 입을 막으려고!"

"무, 무슨 소리예요! 제가 그런 짓을 할 리가 없잖아요!"

허수아비가 펄펄 뛰었다. 그 모습을 본 로보캅이 대꾸했다.

"농담이야."

"……."

잠시 로보캅을 노려보던 허수아비가 고함을 빽 질렀다.

"선배! 하나도 재미없거든요!"

"알았다, 알았어. 그나저나 넌 여기서 뭐하냐?"

"그러는 선배는 여기서 뭐하세요? 여긴 오즈 박사가 사라진 곳인데……."

거기까지 말을 꺼낸 허수아비는 숨을 들이켜면서 놀란 목소리로 로보캅에게 외쳤다.

"설마, 선배가!"

"내가 뭐?"

"선배도 오즈 박사 때문에 여기 온 겁니까?"

로보캅이 황당하다는 표정으로 고개를 갸우뚱했다.

"무슨 소리야? 난 그냥 지나가다 우연히 들른 건데. 오즈 박사가 누구야?"

허수아비가 앗차 하는 표정을 지었다.

"아뇨, 그게…, 아니고……."

"오즈 박사라면, 세계적인 환경학자 맞지? 그 사람이 왜? 사라졌어?"

"아…, 그것이……."

허수아비의 표정이 울상으로 바뀌었다. 노빈손이 수군거렸다.

"오즈 박사 사건은 기밀 수사라면서요! 이렇게 말해도 돼요?"

"아니, 그게…, 그러니까……."

쩔쩔매는 허수아비를 재미있다는 듯 바

온난화 재앙 시간표
2005년 2월, 독일의 포츠담연구소는 '온난화 재앙 시간표'를 발표했다. 이 시간표에 따르면, 2070년에는 지구 온도 3℃가 상승하여 지구 생명체들이 생존에 심각한 위협을 받게 된다. 아마존 열대 우림은 복원이 불가능하게 파괴되고, 대부분의 산호초가 하얗게 말라죽으며, 유럽, 호주, 뉴질랜드의 고산 지대 식물은 완전히 사라진다.

라보던 로보캅이 말했다.

"당황하지 마. 실은 나도 오즈 박사 때문에 왔으니까. 이런 곳을 어떻게 우연히 들르겠어?"

"크와악!"

허수아비가 입에서 불을 뿜을 기세로 로보캅에게 달려들려 했지만 노빈손이 재빠르게 허리를 붙들었다. 로보캅은 간신히 웃음을 참으며 말했다.

"말 한마디 한마디에 휘말려드는 건 여전하구나. 그런데 너는 무슨 일이지? 오즈 박사 사건에 F급 요원이 올 일은 없을 텐데."

"실은 제가 이번 사건 담당 A급 요원으로 선발되었거든요."

허수아비가 대답하자 로보캅의 눈에 이채가 스쳤다.

"네가? 이 사건 담당으로 선발됐다고?"

"네."

로보캅은 팔짱을 끼고 뭔가 생각하는 듯했다. 허수아비가 조심조심 말을 걸었다.

"설마, 선배. 그 소문은 사실이 아니죠?"

"무슨 소문?"

"선배가 왼팔을 다친 그 총격전 있잖아요. 그게 실은 선배가 블루 플래닛의 기밀을 메연 마피아 블랙레인에 팔아넘기려다가 들켰기 때문에 일어난 사건이라는……. 아니죠? 거짓말이죠?"

허수아비의 말꼬리가 점점 흐려졌다. 로보캅이 쓴웃음을 지으면서 대답했다.

“정말이야.”

“설마? 에이, 농담이죠?”

로보캅이 과장된 몸짓으로 두 팔을 벌려 보였다. 왼팔은 멀쩡해 보였다.

“난 원래 블랙레인이었어. 블루플래닛에 잠입해서 블랙레인에 필요한 기밀을 빼내는 것. 그것이 내 임무였거든.”

“그, 그럴 리가! 믿을 수 없어요. 선배가 정말로 마피아 조직의 스파이란 말입니까?”

“그 얘긴 그만하지. 다만 옛정을 생각해서 네게 충고 한마디 하마.”

로보캅이 진지한 눈으로 허수아비를 쳐다보았다.

“허수아비. 당장 카리브해로 떠나라.”

갑작스런 말에 긴장한 허수아비가 로보캅을 마주보았다.

“카리브해라뇨? 거긴 백 년 전쯤에 휴양지로 유명했던 곳 아닙니까? 지금은 해수면 상승 때문에 섬들이 다 잠겨 버렸잖아요. 설마, 거기 뭔가 있는 겁니까?”

“아니. 아무것도 없지.”

“……네?”

로보캅이 한숨을 쉬었다.

IPCC의 보고서

IPCC(기후 변화에 관한 정부간 협의체)가 2007년도에 발표한 4차 보고서에 따르면 1975년부터 2005년까지 지구의 평균기온이 1.2℃ 오른 데에 인간이 90% 정도 원인을 제공헸다고 한다. 또 2100년까지 지구의 표면 온도가 2~6℃ 정도 오를 것이라고 예측했다. 전 세계가 온실가스 배출량을 더 늘리지 않는다 해도 이미 배출한 온실가스 양만으로도 지구의 온도는 계속 올라갈 것이며 방글라데시, 네덜란드 등의 저지대 국가들은 물에 잠길지도 모른다고 한다.

"말귀를 못 알아듣는 녀석 같으니라고. 그냥 대놓고 말하마. 유람선이나 타고 한 달 정도 놀다가 블루플래닛으로 돌아가. 그게 제일 좋을 거다."

"뭐라고요? 또 놀리시는 겁니까?"

허수아비가 발칵 화를 내면서 로보캅을 째려보았지만, 로보캅은 꿈쩍도 하지 않았다.

"아니, 나는 계속 진지하게 말하고 있어. 대놓고 말해 줄까? 조사하지 말라는 얘기야."

"그게 무슨 소리예요?"

"점잖은 말로 하면 안 듣는 이 바보 같은 녀석! 머리를 굴려 봐. 블루플래닛이 왜 너 같은 F급 덜렁이를 데려다가 이런 중요한 사건을 맡겼는지! 의도가 뭐겠어?"

그 말에 곰곰이 생각하던 허수아비가 두 눈을 반짝거리면서 대답했다.

"저에게서 천부적인 추적자의 자질을 발견한 걸까요?"

"멍청한 녀석! 그게 아냐. 블루플래닛은 오즈 박사를 잡을 생각이 없다는 얘기다."

허수아비가 펄쩍 뛰었다. 노빈손도 화들짝 놀라 로보캅을 뚫어져라 바라보았다.

"그게 무슨 소리예요? 블루플래닛이 왜

지구온난화의 영향으로 바닷물의 높이가 점점 높아지면서 땅이 점점 좁아지고 있는 나라들이 많다. 그가운데서 제일 먼저 사라지게 될 나라가 남태평양에 있는 작은 섬나라 투발루이다. 이미 수도가 잠겼으며 50년 안에는 전 국토가 완전히 바다 속으로 사라질 운명이다. 투발루 국민들은 2001년에 국토 포기를 선언하고 근처의 호주나 피지 등에 이민을 받아 줄 것을 요청했지만 해당 나라들이 거부한 탓에 기후 난민으로 전락할 위기에 처했다. 남태평양과 카리브해에 있는 섬나라들도 투발루와 비슷한 운명이다.

그런 짓을 하겠어요. 에덴 프로젝트에 지구의 운명이 달려 있다고 그렇게 강조를……!"

"허수아비! 기밀이라면서요! 입단속! 입단속!"

노빈손이 허수아비의 옆구리를 사정없이 찔러 댔다. 허수아비는 얼른 말을 돌렸다.

"뭐라 말씀하시든, 전 이 사건 포기할 수 없습니다. 죽어라 말단 노릇하다가 겨우 붙잡은 첫 기회예요. 무슨 일이 있어도 이 임무를 훌륭히 완수해 낼 겁니다!"

로보캅과 허수아비가 주고받는 시선의 끝에서 불꽃이 튀겼다. 로보캅이 가볍게 한숨을 뱉었다. 그러더니 허공을 향해 왼쪽 손목을 휘둘렀다. 마치 열쇠를 구멍에 꽂고 돌리는 듯한 동작이었다.

"!"

철컥, 노빈손과 허수아비의 눈앞에서 로보캅의 손목이 재조립되었다. 다섯 손가락이 접혀 들어가고 팔목 정중앙에서 새까만 총구가 튀어나왔다. 그 총구는 똑바로 허수아비를 겨누고 있었다.

"서, 서, 선배! 다, 다친 왼팔을 총, 총으로 바꾼 겁니까?"

허수아비는 침착하게 말하고 싶었을 것이다. 그러나 그의 목소리는 인정사정없이 떨리고 있었다. 차분하게 가라앉은 로보캅의 눈이 허수아비를 똑바로 겨냥했다.

"생각해 봐! 국제기구인 블루플래닛이 덤벼들 엄두를 못 낼 정도로 엄청난 사건이다. 이런 아수라장에 끼어들어 봤자 너 같은 애송이는 총알받이밖에 안 돼! 윗선은 체면치레로 널 내보냈을 뿐, 수사 같은 건 바라지도 않아. 오히려 네가 놀다가 들어오면 두 손 들고 만세를 부를걸?"

허수아비가 입술을 깨물었다. 꽉 쥔 두 주먹이 가늘게 떨렸다. 싸늘한 로보캅의 눈이 허수아비의 이마를 훑었다.

 검은 벌레의 습격

"당신 말을 어떻게 믿어!"

허수아비가 깜짝 놀라 소리가 난 쪽을 바라보았다. 노빈손이 주먹을 휘두르며 로보캅을 향해 소리치고 있었다.

"당신, 마피아라며? 자기네 이득만을 위해 움직이는 마피아가 하는 말은 믿을 수 없어. 허수아비! 저런 말에 현혹되지 말아요!"

"노빈손……!"

허수아비가 감격스런 표정을 지었고, 노빈손은 꿋꿋하게 말을 끝맺었다.

"만화에서도 저렇게 시커먼 옷을 입고 냉정하게 말하는 놈들은 다 악당으로 나와요. 믿으면 안 된다고요!"

"……"

로보캅은 머리를 내두르며 기나긴 한숨을 내쉬었다.

"어쩔 수 없군. 아비규환에 휘말려 죽게 만드느니……."

철컥.

방아쇠를 당기는 소리가 들렸다. 허수아비의 몸은 빳빳하게 굳어 버렸다.

"지금 여기서 팔다리 좀 다치고 병원 신세를 지는 게 명을 부지하는 길이겠지."

"선배! 정말 왜 이러세요!"

“어허, 꼼짝 마. 네 왼손을 쏠 수 있어. 이건 농담이 아냐!”

총구는 정확하게 허수아비의 왼손을 겨냥하고 있었다. 로보캅이 계속 말을 이었다.

“아직 발 뺄 수 있다! 허수아비. 이 이상 파고들면 팔다리 다치는 정도로 안 끝나. 진짜 죽는다고. 선배가 아니라 마피아로서의 경고다. 이래도 말 안 들을 테냐?”

노빈손은 침을 꿀꺽 삼켰다. 정말로 허수아비를 쏠 기세였다. 죽이지는 않더라도 큰 부상을 입힐지도 모른다. 이 상황을 어떻게든 해결해야 하는데…….

저도 모르게 허리 언저리를 더듬던 노빈손의 손끝에 뭔가 딱딱한 사각 모서리가 느껴졌다. 이게 뭐더라?

'맞아, 아까 허수아비가 준 차 리모컨!'

노빈손은 속으로 탄성을 올렸다.

'이걸로 차를 원격 조종해서 로보캅에게 돌진시켜 빈틈을 만든 다음, 허수아비를 태우고 도망치는 거야!'

그러나 다음 순간, 노빈손은 자신이 리모컨의 사용법을 모른다는 사실을 깨달았다. 작은 카드 크기의 얇은 리모컨에는 자판조차 없었다. 아까 좀 배울 것을. 미끈한 모서리를 매만지는 손가락이 식은땀에 젖어 끈적거렸다.

자동차를 타고, 공장을 돌리는 등 사람은 살아가면서 이산화탄소를 안 내뿜을 수가 없다. 그런데 이 이산화탄소를 줄이는 방법이 있다. 바로 나무를 심는 것이다. 산림청에 따르면 우리나라 국민 한 사람이 평생 동안 배출하는 이산화탄소 양은 평균 3천 166kg이고 이를 다 흡수하려면 978그루의 나무를 심어야 한다고 한다. 1년에 12그루 이상의 나무를 심어야 하는 것이다.

'이것도 생체칩 같은 방식으로 작동하는 걸까? 칩은 체내의 전기 신호에 반응한다고 했어. 그래서 허수아비는 눈길만으로 영상을 움직였지. 나는 칩이 없는데 이것도 속으로 생각하면 그대로 움직일까?'

생각은 많았지만, 더 이상 시간이 없었다. 주머니 속의 리모컨을 꽉 움켜쥐었다.

'하나님, 부처님, 소녀세대 님!'

가슴이 두근거리다 못해 터질 지경이었다. 노빈손은 자동차가 떠올라 돌진하는 모습을 상상했다. 젖 먹던 힘까지 모아 자동차를 노려보면서 속으로 강하게 외쳤다.

'달려! 뛰어! 날아! 굴러어어어엇!'

부아아아아아앙~!

차갑게 얼어붙은 정적을 깨고 뜨거운 마찰음이 울려퍼졌다. 깜짝 놀란 로보캅과 허수아비는 깜짝 놀라며 고개를 돌렸다. 자동차가 붕 떠서는 로보캅에게 달려들 듯이 부릉대고 있었다. 갑작스런 급출발에 차 아래쪽의 흙이 흩날렸다.

로보캅은 몸을 날리며 서 있던 자리에서 피했다. 그런데 자동차는 로보캅을 향해 달려들지 않았다. 대신 그 속도 그대로 후진하여 뒤에 서 있던 나무들 몇 그루를 호

산불도 지구온난화 때문?
지구의 온도가 올라가면서 가뭄과 이상고온 현상이 계속되면 산불이 발생하기 쉬울 뿐더러 그 규모도 커진다. 최근 호주, 미국, 러시아 등지에서는 대형 산불이 자주 일어나 그 피해가 심각하다. 문제는 산불이 지구온난화의 가장 큰 원인인 이산화탄소를 엄청나게 내뿜는다는 데 있다. 지구온난화 때문에 산불이 나고 산불이 나기 때문에 지구온난화가 더욱 심각해지는 셈.

쾌하게 부러뜨린 뒤 까마득한 절벽 아래로 떨어졌다.

쿠과광~!

엔진이 터지고 불타는 폭음이 세 사람이 서 있는 곳까지 여과 없이 들려왔다.

로보캅이 기막혀하며 상반신만 일으킨 채 허수아비에게 시선을 돌렸다.

"너 뭐하는 거냐? 왜 자기 차를 절벽 아래 처박고…… . 야, 내 말 듣고 있냐?"

허수아비는 그대로 망부석이 되어 버린 모양이었다. 멍하니 입을 벌린 채 부러진 나무들을 응시한 지 수 초. 허수아비의 눈동자가 천천히 오른쪽으로 돌아갔다.

그곳에는 리모컨을 손에 쥔 채 죽을죄를 지었다는 표정인 노빈손이 서 있었다.

"아, 아니 그게 말이에요. 전 그냥 달아날 틈을 만들어 보려고…… ."

로보캅이 가죽점퍼를 탁탁 털면서 노빈손에게 말했다.

"그래, 빈틈 하나는 확실하게 만들었지. 숲에 구멍이 뚫릴 정도로 말이야."

노빈손은 쥐구멍에라도 들어가고 싶은 마음이었다. 여유있는 몸짓으로 다시 왼팔, 아니 총구를 들어 올린 로보캅이 허수

곤충 대공습

2011년, 호주 중서부에 있는 브로컨힐에 귀뚜라미 수백만 마리가 나타나 온 도시를 초토화시켰다. 호주 북부의 홍수로 인해 귀뚜라미들이 남부로 이동했고, 풍부한 물 덕분에 먹이가 많아지면서 귀뚜라미가 엄청나게 번식한 것이다. 어찌나 귀뚜라미가 많은지 침실에 있는 귀뚜라미들을 청소기로 한번 빨아들이고 나서야 잠을 잘 수 있을 정도였단다.

아비에게로 몸을 돌렸다.

"동정을 금치 못할 이런 상황에서 좀 인정머리 없는 짓 같지만, 대답을 들어야겠다. 손을 뗄 테냐?"

그때였다.

웅웅… 웅웅웅…… .

차 폭발음의 뒤를 잇듯이 거대한 소리가 메아리쳤다. 마치 숲 전체가 통곡하는 울음소리처럼 들렸다. 수수께끼의 소리는 태풍 같은 기세로 이쪽을 향해 덮쳐 오는 것 같았다. 로보캅과 허수아비는 당황한 얼굴로 서로를 마주보다가, 동시에 노빈손에게로 시선을 돌렸다. 노빈손은 화들짝 놀라 두 손을 내저었다.

"이번엔 제가 아니에요!"

"저…, 저거!"

하늘을 올려다본 허수아비가 비명을 올렸다. 뒤이어 고개를 든 두 사람도 경악한 채 입을 다물지 못했다.

검고 거대한 파도로 보일 만큼 엄청난 수의 곤충이 숲에서 일어니디니 세 사람을 쓸어버릴 듯이 다가왔다. 기가 질려 꼼짝도 못하던 노빈손이 퍼뜩 정신을 차렸을 때는 이미 늦어 버렸다.

딱딱한 돌멩이 같은 것이 온몸에 부딪쳤다. 전신에 섬뜩한 소름이 끼쳤다.

꿀벌의 실종

몇 년 전부터 전 세계적으로 여왕벌과 애벌레만 남기고 꿀벌들이 사라지는 '군집 붕괴 현상'이 나타나고 있다. 과학자 아인슈타인은 '꿀벌이 사라지면 인류는 4년 안에 멸종할 것'이라는 말을 남기기도 했는데 꿀벌은 식물의 수분에 중요한 역할을 담당하고 있기 때문이다. 꿀벌이 없으면 식물이 번식하지 못하고 그러면 결국 동물과 사람들도 살아남지 못한다. 꿀벌 실종의 원인으로 살충제, 바이러스, 전자파 등을 얘기하지만 많은 전문가들은 지구온난화로 인한 생태계의 변화가 가장 큰 원인이라고 한다.

“으아아아!”

웅웅웅…… 웅웅웅…… .

머릿속에서, 눈앞에서 귀울음이 들렸다. 순식간에 세상이 돌변했다. 허수아비도 로보캅도 벌레들의 검은 폭풍 속에 둘러싸여 허우적거리고 있었다.

피융! 피융!

로보캅의 총구에서 파란 불꽃 광선이 뿜어져 나왔다. 벌레 떼가 잠시 흩어진 사이 어디선가 검은 차가 나타나 로보캅을 태우고 쏜살같이 사라졌다. 노빈손은 휘청거리는 몸을 가누면서 허수아비를 불렀다.

“어디? 어디에요?”

“노빈손! 이쪽이다!”

눈앞이 보이질 않았다. 소리에 의지하여 서로를 찾아낸 두 사람은 허둥지둥 산장 안으로 뛰어들었다.

아이돌 입체 영상의 비밀

꽝!

문이 닫히는 육중한 소리가 온 산장에 울렸다. 다행히 온몸을 가린 차폐복 덕분에 물리거나 다친 곳은 거의 없는 것 같았다.

주저앉아 헐떡거리고 있는 노빈손과 허수아비의 발치에서 문을 열 때 같이 들어온 벌레 몇 마리가 파닥거렸다. 잠시 진저리를 친 노빈손은 허수아비의 어깨를 붙잡고 흔들었다.

"저기, 괜찮아요?"

"응, 그럭저럭."

넋이 나간 허수아비를 보면서 노빈손은 내심 식은땀을 흘렸다. 곤충 떼가 왜 덮쳤는지 짚이는 구석이 있었기 때문이다.

'혹시 자동차 폭발 소리에 놀라서 저러는 거 아냐? 아니겠지, 아닐 거야……'

그렇게 자기 최면을 거는 노빈손에게 허수아비가 말했다.

"노빈손. 설마 노린 거냐?"

"뭐를요?"

"자동차 폭발 때문에 곤충들이 저 난리잖아."

노빈손은 짐짓 호탕하게 웃어 댔다.

"하하! 그렇죠! 다 로보캅을 물리치기 위한 기발한 작전이었죠!"

"그래? 그럼 일부러 내 자동차 님을 절벽에서 밀어 버렸다?"

"……잘못했습니다. 한 번만 용서해 주세요."

생물들이 사라지고 있다

인류가 발견한 지구상의 생물들은 동물이 150만여 종, 식물이 50여 만 종이다. 그런데 유엔이 발표한 보고서에 따르면 현재 지구상의 조류의 10분의 1, 양서류 3분의 1, 포유류의 5분의 1이 멸종 위기에 처했다 멸종 속도가 전에 비해 1천 배 이상 빨라졌고 20분마다 1종씩 사라지고 있다고 한다. 주된 원인은 지구온난화, 환경 오염, 남획 등이다. 특히 지구온난화로 기온이 바뀌면 적응하지 못하는 생물들은 그 지역을 떠나야 한다. 움직일 수 없는 식물들과 갈 곳이 없는 동물들은 더 이상 살 수 없는 것이다.

노빈손은 총알 같은 속도로 그 자리에 넙죽 엎드렸다. 허수아비가 헛웃음인지 울음인지 모를 소리를 뱉었다.

"어흐흐흐, 나의 자동차 님께서! 자동차 님께서 돌아가시다니! 앉았던 의자의 감촉이 이렇게 생생한데! 어흑흑!"

허수아비가 불꽃 튀는 눈빛으로 노빈손을 노려보았다. 찔끔한 노빈손은 화제를 돌렸다.

"그, 그보다 조사를 해야죠! 오즈 박사! 오즈 박사를 찾아야 한다는 거 잊지 말아요."

"그래…, 조사! 조사를 해야 돼……."

허수아비는 비틀비틀 일어서더니 산장 안쪽으로 향했다. 허수아비의 왼쪽 손이 허공을 가르자, 방 중앙이 환해지면서 입체 영상이 떠올랐다. 진흙탕물이 소용돌이치는 것처럼 지저분한 모습이었다. 허수아비가 얼굴을 찡그렸다.

"지저분한 형태로 떠오르는 걸 보니 데이터가 다 파괴된 것 같은데……."

"그게 무슨 뜻이에요?"

"쓸 만한 데이터가 안 남아 있을 것 같다는 거지."

허수아비는 그렇게 말하면서 깨진 데이터를 하나하나 끌어당겨 살펴보기 시작했다. 조각조각 맞춰지는 빛의 기둥을 요리조리 구경하던 노빈손은 한쪽 구석에서 현란하게 춤을 추는 귀여운 소녀들의 모습에 넋을 잃었다.

"우아, 얘네들 지~인짜 귀엽네요! 누구예요?"

"백팔번뇌잖아, 바보야."

"백팔번뇌? 멤버가 108명?"

"모르냐? 유명한 사이버 아이돌이잖아."

"사이버 아이돌? 그럼 가상 인물이에요?"

허수아비가 가볍게 콧방귀를 뀌며 말을 이었다.

"실제 인물도 아닌데 뭐가 그렇게 좋다고 난리들을 치는지, 원."

"22세기에도 아이돌은 지구를 가르고 태양을 떨어뜨리는군요."

"수준 낮기는. 음악이라면 자고로 클래식……."

날을 세우던 허수아비가 갑자기 입을 다물었다. 노빈손도 덩달아

숨을 죽였다.

“왜, 왜 그러세요?”

“……달라.”

허수아비가 눈길로 노빈손이 들여다보던 사이버 가수의 영상을 끌어올렸다. 그러더니 반복해서 재생하기 시작했다.

“노래 부르는 파트가 달라. 백팔번뇌의 노래 ‘장자몽’의 2절에서 ‘인생무상~’ 부분은 미니가 부르고, ‘허무한듸!’ 부분은 미키가 불러야 해. 그런데 이건 반대로 바뀌어 있어서 입이랑 영상이 안 맞는단 말이야. 누군가가 영상에 손을 대서 조작한 게 틀림없어.”

허수아비의 손가락이 영상을 문지르며 뭔가를 뒤지기 시작했다. 노빈손은 잠시 침묵하다 입을 열었다.

“……저기.”

“왜?”

“이 아이돌 좋아하죠?”

허수아비가 화들짝 놀라며 새빨간 얼굴로 노빈손을 노려보았다.

“무, 무슨 소리야? 내가 어딜 봐서 아이돌 같은 걸 좋아하게 생겼냐?”

“멤버가 108명이나 되는 아이돌 그룹에서 누가 무슨 가사를 부르는지를 꿰고 있는데 팬이 아니라고요?”

“시, 시끄러워! 그냥 우연히 귀에 들어왔

지구 온도가 1.5~2.5℃ 정도 더 더워지면 2050년까지 지구 생물들의 15~37%가 멸종할 것이라고 한다. 과학자들은 멸종 위기에 처한 각종 식물의 씨앗과 표본을 보존하기 위한 작업을 하고 있다. 또 유엔은 1992년 ‘생물다양성 국제협약’을 제정한 이래 멸종 위기 생물 명단을 발표하는 등 경각심을 일깨우기 위해 노력하고 있지만 각 나라의 협조가 잘 이루어지고 있지는 않다.

을 뿐이야!"

허수아비가 빽 소리를 지르며 손목을 끌어당기자 영상 위에 복잡
한 숫자들이 나타났다. 허수아비가 의기양양한 표정을 지으며 손가
락을 딱 튕겼다.

"뭐예요?"

"이걸 봐. 다른 데이터들은 대부분 메연이나 시맹에 있는 블루플
래닛의 연구소에서 작성된 것들이야. 최근 데이터들은 이곳에서 만
들어진 거고."

"……무슨 소린지 모르겠어요."

"으이구! 다른 데이터들은 전부 연구소 건물에서 만들어졌는데 이
데이터만 혼자 만들어진 곳이 다르단 말이
야."

허수아비가 손가락으로 영상을 두드리듯
이 흔들었다.

"아프리카에서 전송되어 왔어. 왜 이 데
이터만 아프리카에서 날아왔을까? 게다가
가사를 바꿔치기한 걸 보니 뭔가 다른 내
용을 숨기고 있는 게 분명해."

노빈손이 확신에 찬 목소리로 말했다.

"알았어요!"

"뭐, 뭐를?"

"역시 백팔번뇌 팬이었군요? 에이~ 부

끄러워하지 않아도 돼요."

"아니라니까!"

허수아비는 고개를 강하게 내젓고는 왼쪽 손등을 올렸다. 하는 품이 허둥지둥 서둘러 그 영상을 감추려는 것 같았다. 영상이 손등 속으로 빨려 들어가듯 사라졌다.

"한번 소스를 해체해 봐야겠어. 뭔가 단서를 찾을 수 있을지도 몰라. 하지만 소스 해체 프로그램이 다 돌리려면 시간이 한참 걸릴 텐데."

허수아비가 고민하자 노빈손이 말했다.

"발로도 뜁시다!"

노빈손은 왠지 신이 났다.

"로보캅 말이에요. 여기 나타난 게 수상하지 않아요? 오즈 박사에 대해서도, 국제기구에 대해서도 이러쿵저러쿵 말이 많았잖아요! 로보캅 뒤를 캐면 뭔가 나올 것 같지 않아요?"

"그러고 보니……."

허수아비가 아차 하는 표정을 짓고는 노빈손을 새삼 바라보았다.

"지금 마피아를 조사하자는 거야? 간덩이가 참 큰 재미있는 녀석이네……."

"카리브해 관광을 거절한 건 그쪽이잖아요."

말문이 막힌 허수아비가 손뼉을 짝 쳤다. 그러자 방 한가운데 솟아 있던 빛기둥이 슛 소리를 내며 꺼졌다.

"좋아. 블랙레인의 뒤를 캐 보자."

“근데 로보캅은 사라졌는데 어떻게 블랙레인을 추적하죠?”

노빈손이 묻자, 허수아비가 관자놀이를 톡톡 두드렸다.

“머리를 쓰자. 머리를. 수사 드라마 같은 거 안 봤니?”

“맞다! 로보캅이 도망칠 때 뭘 흘리고 갔는지 살펴봐야겠네요.”

“그건 신데렐라잖아!”

노빈손의 뒤통수를 따악 때린 허수아비가 중얼거렸다.

“단서는 바로! 그 로봇 팔이야.”

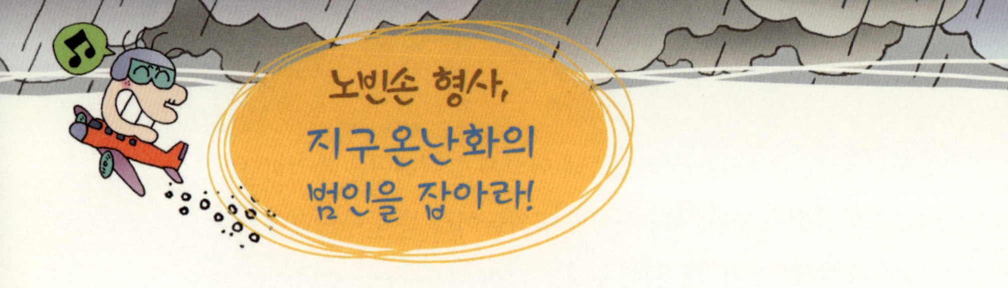

(어두컴컴한 취조실. 하나뿐인 조명 밑에 트렌치코트를 입은 형사 노빈손이 앉아 있다. 맞은편에는 첫 번째 용의자로 지목된 이산화탄소가 바들바들 떨고 있다.)

노빈손 (책상을 쾅 내려치며) 이봐! 이제 그만 순순히 자백하시지?

이산화탄소 (화들짝 놀라며) 뭐, 뭘 자백하라는 거야?

노빈손 시치미 떼지 마! 지구 온난화를 일으킨 주동자가 바로 너, 이산화탄소라는 거 다 알고 있어! 메탄가스, 아산화질소 등 너와 공모한 놈들도 옆방에 줄줄이 끌려와 있다.

이산화탄소 누가 그런 소릴 해?

노빈손 지구가 그러던데.

이산화탄소 뭐라고? 말도 안 돼! 은혜를 원수로 갚는다더니, 막 태어난 꼬꼬마였던 시절부터 자기를 품고 얼러 길러온 나한테 어떻게 이럴 수가!

노빈손 그게 무슨 소리야? 네가 지구를 품고 얼러 길렀다니.

이산화탄소 지구가 태양으로부터 에너지를 받는 건 알고 있겠지? 그리고 그 에너지를 고스란히 우주로 내보내려고 할 때 내가 대기 중에서 그 에너지 중 일부를 딱 붙잡는 거지. 그러니까 내가 지구의 열을 보존해 주는 거야. 이게 바로 온실효과란 말씀.

노빈손 그래서 지금 지구가 감기 환자마냥 열이 오르고 있구나!

이산화탄소 무슨 소리야? 애초에 내가 없었다면 지구는 에너지를 우주로 다 내보내서 차가운 행성이 되었을 거고, 생명체 따윈 살아남기는커녕 생겨나지도 못했을 텐데?

노빈손 어쨌든 네가 지구의 온도를 높이는 건 사실이잖아?

이산화탄소 그렇다고 나를 범인으로 몰면 억울해. 대기 중에 있는 이산화탄소의 양이 너무 많아지긴 했지만. 내가 지구의 에너지를 그만큼 많이 붙들어 두니 지구의 온도가 올라갈 밖에.

노빈손 그럼 역시 니가 범인이잖아!

이산화탄소 아니라니까! 내가 스스로 많아진 건 아니라고!

노빈손 끝까지 고집을 피우니 안 되겠군. 대질심문을 해야겠어.

(취조실 문이 열리고 메탄가스가 끌려 들어온다.)

메탄가스 이산화탄소 씨!

이산화탄소 메탄가스 양! 당신마저 끌려 오다니…. 정말 나쁜 놈들이군요! 메탄가스 양, 걱정 말아요. 이산화탄소 가문의 명예를 걸고 당신을 반드시 여기서 구해 내겠소!

노빈손 조용히 해! 메탄가스. 네가 지구온난화의 주범이지? 빨리 자백해! 가축의 방귀와 배기가스에서 나오는 바로 너! 메탄가스가 이산화탄소보다 25배 더 많은 열을 붙잡는다고 과학적으로 밝혀졌어!

이산화탄소 가, 가축의 방귀와 배기가스라고? 메탄가스 양이…, 그런!

메탄가스 아, 형사님! 정말 너무하세요! 제 출생의 비밀을 멋대로 폭로하다니! 그것도 제 약혼자 앞에서!

노빈손 너, 너희들 그런 사이였어? 미안…, 몰랐어.

메탄가스 죄송해요, 이산화탄소 씨. 사실 저는 썩으면서 배출되는 가스랍니다. 쓰레기 매립장이나 가축의 방귀 속에서 발생하죠. 이제껏 숨겨서 죄송해요.

이산화탄소 (메탄가스의 손을 잡으며) 아닙니다, 메탄가스 양! 당신이 어디서 태어났든 어떤 냄새를 피우든 전 당신을 사랑합니다! 제 마음은 변하지 않아요!

메탄가스 이산화탄소 씨!

노빈손 (닭살 돋은 팔뚝을 문지르며) 그마~안! 취조실에서 뭐 하는 거야!

메탄가스 자백할게요. 사실 지구를 덥게 만든 범인은 따로 있어요.

노빈손 드디어 자백할 마음이 든 건가? 그게 누군데?

메탄가스 (노빈손을 가리키며) 바로 형사님을 비롯한 인간들이에요! 사람들이 산업화를 한답시고 공장이나 자동차를 움직이기 위해 석유, 가스 등 화석 연료를 사용하면서 이산화탄소를 배출했잖아요!

이산화탄소 (고개를 끄덕이며) 맞아. 온실 효과를 만들어 내는 이산화탄소, 메탄가스, 다른 가스 들 모두 원래 자연 속에 있을 때는 조화를 이루던 것들이에요. 그걸 자꾸 뿜어 내서 지구를 위협한 건 인간들의 욕심 그 자체라고요. 메탄가스만 해도 소고기를 먹겠다고 그 많은 소를 키우니까 소의 방귀와 트림에서 메탄가스가 마구 나오는 거잖아요.

메탄가스 (작은 목소리로) 이산화탄소 씨. 그걸 그렇게 콕 집어 얘기해야겠어요?

이산화탄소 (슬쩍 메탄가스를 외면하며) 그래. 범인은 바로 형사 너야!

노빈손 내가 지구온난화의 범인이라 그 말인가?

(뿌웅~! 흥분한 노빈손의 엉덩이에서 요란한 소리와 함께 강력한 방귀가 뿜어져 나온다.)

이산화탄소 윽, 냄새야. 노빈손 형사를 이상기후 현행범으로 체포해!

노빈손 그, 그만둬! 말도 안 돼! 형사가 범인이라니!

(끌려 나가는 노빈손. 서로 끌어안은 채 취조실을 나서는 이산화탄소와 메탄가스의 등 뒤로 취조실의 전등이 꺼진다.)

2
어헛~
그건 좀...
전통적인
방식으로
기우제를~
땅
갈라지는
소리
쩍~
쩍~

2112년 1월 14일 미국

미국 중서부 지역을 강타하는 토네이도의 기세가 그칠 줄 모릅니다. 백 년 전인 2000년대까지만 해도 겨울에 발생하는 토네이도는 매우 드문 현상이었습니다. 하지만 지금은 토네이도가 가장 극성을 부리는 계절이 겨울입니다. 최근 2, 3년 사이에는 첨단 기상 관측 시스템으로 토네이도가 어느 지역에 언제 나타날지 예측이 불가능할 정도로 많이 나타는데요. 올해 들어 1월 첫째 주에만 1천여 개의 토네이도가 발생했습니다. 시민 여러분께서는 바람의 방향에 유의하시고 토네이도가 발생할 조짐이 보이면 바로 지하실로 대피해 주시기 바랍니다.

허수아비의 과거

아메리카 연맹, 미국 캔자스시티

이른 새벽이라 아직 여명이 채 가시지 않았다.

노빈손과 허수아비는 자동차에 올라탄 채 골목의 어둠에 몸을 숨기고 맞은편 총포상의 문을 뚫어져라 응시하고 있었다. 노빈손이 속삭였다.

"저기요! 우리 블랙레인의 뒤를 캐려고 여기 온 거 아닌가요?"

"그렇지."

"근데 왜 일주일째 저 가게 문만 째려보고 있는 거죠? 계속 차 안에만 갇혀 있자니 답답해 미치겠다고요. 이유나 좀 말해 줘요."

허수아비가 고개를 절레절레 흔들었다.

"빈손아, 블랙레인은 마피아 단체야. 길거리에서 아무나 붙잡고 물어보면 '아, 블랙레인 말입니까? 블랙레인의 사무실은 저 건물에 있습니다' 하고 가르쳐 주겠니? 감시와 미행은 필수라고."

"내가 그런 기본적인 길 모를까 봐요. 왜 하필 저 총포상이냐는 말이죠."

노빈손이 투덜거리자 허수아비가 혀를 끌끌 찼다.

"생각을 해 봐. 로보캅 선배의 팔이 총으로 변신하는 걸 봤지? 그런 변신 팔은 함부로 만들 수 없어. 법적으로 금지되어 있다고. 특히 로보캅 선배의 로봇 팔은 2,000볼트의 전자기파를 이용했어. 내 정보력으로 알아본 결과 저 가게 주인이 바로 그 종류의 로봇 팔을 다루는 기술자였어."

노빈손은 허수아비가 때린 어깨를 슥슥 문지르며 대꾸했다.

"그래도 꼭 저 가게라는 보장은 없는 거잖아요. 다른 곳일 수도 있는 거 아니에요?"

"아니, 저곳일 거야. 그럴 가능성이 높아. 왜냐하면……."

근거를 설명하려던 허수아비가 갑자기 입을 다물더니 날카롭게 정면을 응시했다. 총포상 문 앞에 차 한 대가 겁나는 속도로 달려와 멈춰 섰던 것이다. 두 사람은 문제의 차에서 내리는 털보 사내의 얼굴을 뚫어져라 쳐다보았다. 허수아비의 왼쪽 손등에서 찌링거리는 신호음이 울렸다.

'동일인물 확인. 동일인물 확인.'

허수아비가 나지막하게 속삭였다.

"쟤 혼자지? 주변에 다른 사람 없지?"

'근처에 생체 반응 없음.'

허수아비가 벌컥 차문을 열어젖혔다. 그와 동시에 노빈손도 차에서 뛰어내렸다. 두 사람은 쏜살같이 달려가 털보의 양팔을 붙들었다. 막 가게 문을 연 털보가 당황한 목소리로 외쳤다.

"뭐, 뭐요? 왜 갑자기 사람 팔을 잡고……."

사이보그의 역사

〈아이언맨〉이나 〈로보캅〉 등의 영화를 보면 신체 일부를 기계로 바꾸어 슈퍼맨 같은 능력을 발휘하는 사이보그가 나온다. 사이보그는 인간과 기계가 합쳤다는 뜻이다. 사실 사이보그 기술은 의료 분야에서 주로 찾아볼 수 있다. 진짜처럼 움직이는 인공 눈, 인공 고막, 인공 팔, 인공 다리, 인공 장기 등을 연구하고 있다. 사이보그를 넓은 의미로 해석하는 사람들은 보청기, 콘택트렌즈를 착용한 사람들도 사이보그라고 주장하고 있기도 하다.

"조용히 해! 블루플래닛에서 왔다. 조사에 협조 좀 해야겠어."

허수아비는 그렇게 말하면서 열린 가게 안으로 털보를 끌고 들어 갔다. 노빈손은 양옆으로 놓인 소파의 맞은편에 털보를 앉힌 후 가게 밖을 살폈다. 허수아비는 낮은 목소리로 딜보에게 물었다.

"당신, 로봇 팔 K2040을 블랙레인에게 넘긴 적이 있지? 그 장부를 보고 싶은데."

"무슨 소리요? 그런 적 없소. 그런 불법 물건을 취급할 능력도 없고. 마피아라니! 생사람 잡는 소리 마쇼!"

"글쎄, 그럴까? 지금 장부를 넘기면 조용히 눈감아 주지. 하지만 말이 안 통하면 경찰을 부를 거야!”

허수아비의 말에 털보가 하얗게 질린 얼굴로 더듬거리며 말했다.

“도, 도대체 무슨 근거로 내가 마피아와 거래했다고 생각하는 거요?”

노빈손도 그 이유가 궁금했기에 귀를 쫑긋 세웠다. 허수아비가 소파에 등을 기대면서 말했다.

“당신, 원래 메연 시민권자가 아니지? 몇 년 전까지만 해도 기후 난민이었잖아. 당신이 살던 나라가 대홍수로 초토화되는 바람에 메연으로 도망쳐 왔던데.”

“그게 어쨌다는 거요? 기후 난민이었다고 해서 다 범죄 조직과 연관이 있다고 몰아붙이는 건가?”

털보가 쏘아붙였지만 허수아비는 미동도 하지 않았다.

“수상한 점은 당신이 어떻게 메연 시민권을 땄는가 하는 거야. 당시 메연은 끝도 없이 몰려드는 기후 난민 때문에 골머리를 앓고 있었어. 시민권을 얻기란 하늘에 별 따기였지.”

“…….”

“게다가 당신은 돈도 없고 나이도 많았어. 그런데 어떻게 시민권을 얻을 수 있었을까?”

선진국들은 산업화 과정을 거치면서 공장을 돌리고 기계를 사용했다. 그 결과 이미 엄청난 양의 이산화탄소, 메탄 등의 온실가스를 내뿜었다. 이상기후의 주범은 선진국인데 그 피해는 가난한 나라들이 입고 있다. 예를 들어 당장 나라가 바다에 잠길 위기에 놓여 있는 투발루 국민의 이산화탄소 배출량은 1인당 0.46t에 불과하다. 미국은 19.73t이고 한국은 9.6t인데 말이다.(2004년 기준)

허수아비가 허리를 곧추세우면서 말을 맺었다.

"당시 시민권 관련으로 당신을 심사했다고 적혀 있는 심사 담당 직원의 신원을 조사해 보니 행방을 찾을 수가 없었어. 즉 조작된 자료라는 거지. 이런 짓을 할 수 있는 건 당시 위조 시민권 판매로 짭짤한 소득을 봤던 블랙레인밖에 없어. 당신이 시민권을 얻는 대가로 블랙레인에게 넘긴 것. 그게 바로 로봇 팔이지?"

"……날 신고할 거요?"

털보가 포기한 듯이 묻자 허수아비가 상냥하게 대답했다.

"그런 짓을 해 봤자 내게 득 될 게 뭐가 있어? 그냥 로봇 팔 거래자의 연락처만 알려 달라고. 그러면 조용히 사라져 줄 테니까."

"……잠시 기다려. 기밀 데이터는 안쪽에 분리해 놨으니."

무겁게 몸을 일으킨 털보가 안쪽 방 안으로 사라졌다. 그를 본 노빈손이 허수아비에게 쪼르르 달려왔다.

"오, 허수아비! 이제 좀 A급 요원 같은데요."

"이런 추리 따윈 F급 요원 시절에도 만날 하던 거야. 그렇게 대단할 것 없어."

대답하는 허수아비의 표정이 왠지 쓸쓸해 보였다.

"우리 어머니도 기후 난민이셨어."

"옛? 뭐라고요?"

"우리 어머니도 해수면 상승으로 원래 살던 나라가 바다 밑에 잠겨 버리는 바람에 시맹으로 피난하신 거였거든."

뜻밖의 말에 놀란 노빈손이 입을 쩍 벌렸다.

"나라가 사라진 거예요?"

"기상이변이 심해져서 잠긴 나라가 얼마나 많은데! 지구 기온이 올라가는 바람에 빙하가 녹았고, 그 물로 해수면이 높아지자 태평양에 있던 많은 섬나라들이 꼼짝도 못한 채 잠겨 버렸지."

서글프게 뇌까린 허수아비가 양손을 맞잡더니 피식 웃었다.

"그래서 시맹으로 도망쳐 오셨는데, 기후 난민이 급격히 밀려들다 보니 시맹이 오죽 까다롭게 굴었어야지. 결국 시민권을 받는 데 실패하셨고, 불법체류자로 찍히는 바람에 날 키우느라 고생 많이 하셨어. 순찰 로봇들이 수시로 검문하는 바람에 맘 놓고 거리를 걷지도 못하고."

노빈손은 문득 허수아비와 처음 만났을 때를 떠올렸다. 그때 허수아비는 국제요원이라는 자신의 신분에도 불구하고 순찰 로봇으로부터 자신을 구해 주었다. 어쩌면 그는 불법체류자로 몰려 잡혀가는 노빈손의 모습에서 쫓겨 다녔던 어머니를 떠올렸던 것일지도 모른다.

허수아비가 짧은 한숨을 내쉬었다.

"그런 난민들의 사정을 알고 있다 보니 이 총포상 주인이 그토록 간단히 시민권을 획득한 게 수상하다고 생각했을 뿐이야. 난민들을 돕고 싶어서 블루플래닛에 들어

세계의 기후 난민

기후 난민은 전쟁이 아닌 날씨 변화 때문에 고향을 등지게 된 사람들을 가리키는 말이다. 예를 들어 방글라데시의 맹그로브 지역은 1988년 거대 해일의 습격을 받은 뒤로 농사를 지을 수도, 물을 마실 수도 없게 됐다. 땅에 소금기가 배어 들었기 때문이다. 이상기후가 계속되면 2030년에는 1천 700만 명의 방글라데시인들이 기후 난민이 될지도 모른다. 한편 인도는 방글라데시 기후 난민 유입에 대비해 국경 지대에 4천 100km에 달하는 철조망을 설치했다.

왔는데, 지금 마피아에게 약점 잡힌 난민이나 갈구는 신세라니! 내가 한심하지?"

"아냐, 넌 훌륭해."

"……응?"

허수아비와 노빈손은 동시에 고개를 쳐들었다. 방금 허수아비를 칭찬한 목소리는 노빈손의 것이 아니었다. 하지만 분명 들은 기억이 있는 목소리였다. 허스키하고 굵은…….

파지지직~!

파리가 날개를 떠는 것 같은 소리가 고막을 찔렀다. 수천 개의 바늘이 전신의 피부를 찌르는 것 같은 불쾌한 감각이 머리서부터 발끝까지 퍼져 나갔다. 갑자기 바닥이 일어서서 쾅 하고 코끝을 때렸다. 멀어져 가는 의식을 느끼면서, 노빈손의 뇌리에 떠오른 단어는 단 하나였다.

로보캅!

토네이도의 습격

"에구구, 머리야……."

머리가 깨질 듯이 아프다. 노빈손은 오른손으로 자기 이마를 더듬더듬 만지면서 겨우 눈을 떴다. 흐릿하게 빛나는 오렌지색 등불. 시멘트 색깔의 천장이 낯설다. 몇 번 눈을 껌뻑껌뻑하던 노빈손은 자신이 기절했었다는 것을 깨닫고 벌떡 몸을 일으켰다. 주위를 둘러보니 허수아비가 벽에 기댄 채 앉아 있었다.

"일어났어?"

"여기가 어디죠?"

"모르겠어. 무슨 지하실 같은데."

시큼하고 퀴퀴한 냄새가 나는 비좁은 방. 창문이 없다. 눈앞에 있는 두꺼운 철문이 유일한 출입구인 듯했다. 허수아비가 미간을 찌푸리며 왼쪽 손등을 만지작거렸다.

"통신도 위치 추적도 안 돼. 이 건물에 방해 전파가 흐르는 것 같아."

그 말을 듣고 보니, 항상 희미하게 빛나고 있던 허수아비 손등의 불이 꺼져 있었다. 그냥 평범하게 까무잡잡한 피부로밖에 보이지 않았다. 깨어난 지 얼마 안 된 탓에 안개가 낀 것처럼 흐릿하던 노빈손의 머릿속이 반짝했다.

"납치된 거군요!"

"느리긴. 이제 알았냐?"

끼이익, 철문 열리는 소리와 함께 생각지도 않은 방향에서 대답이 들렸다. 복도의 불빛을 등진 검은 실루엣이 방 안으로 걸어 들어왔다. 검은 가죽 점퍼, 굵은 팔뚝, 그리고 얼굴의 흉터. 낯익은 얼굴이었다. 허수아비는 주먹을 쥐었고 노빈손은 숨을 들이마셨다.

두 사람의 앞에 서 있는 것은 예상대로 로보캅이었다. 로보캅의 뒤를 따라 선글라스를 낀 남자 두 명이 들어왔다. 그들의 손에 들린 총이 노빈손과 허수아비를 똑바로 겨냥하고 있었다. 허수아비가 로보캅을 노려보았다.

"이런, 그 총포상은 선배의 함정이었군요! 비겁하게!"

허수아비의 말을 들은 로보캅이 어이없다는 표정을 지었다.

"누가 함정을 팠다고? 나야말로 니네가 배후를 대라며 협박한다는 총포상 아저씨의 연락을 받고 얼마나 황당했다고. 뭐, 기왕 왔다니 마피아답게 손님 대접을 해야겠기에 데리고 온 거야."

"뭐라고요? 그 아저씨가 왜……."

로보캅이 혀를 끌끌 차면서 턱을 문질렀다.

"어설프긴! 총포상 아저씨를 순순히 옆방으로 보내 준 것부터가 실수지. 그렇게 어설픈 풋내기 둘에게 목숨을 걸고 정보를 넘겨주겠니? 당연지사 우리에게 먼저 연락을 하겠지. 정보 획득의 기본도 모르면서 A급 요원이라고?"

"……."

허수아비와 노빈손은 꿰다 놓은 보릿자루 모양이 되었다. 로보캅이 씨익 웃더니 말을 이었다.

"이제 각오는 됐겠지?"

"가…, 각오라뇨? 무슨 각오요?"

미국의 이상기후

근래 들어서 미국에서는 폭염, 폭풍우, 강풍 등의 피해가 커지고 있다. 여름철 기온은 매년 더 높아지고 있는데 2006년 캘리포니아에서는 폭염 때문에 120명 가까이 사망하기도 했다. 뉴욕, 워싱턴 등 상대적으로 기온이 낮았던 북서부 지역도 폭염 경보를 내려야 하는 날씨가 잦아졌다. 또 동부 지방에서 토네이도의 발생 빈도와 세기가 기록적으로 커졌고 대형 허리케인도 수시로 미국을 위협하고 있다.

"블랙레인에게 잡혔으면 그다음엔 어떻게 될까? 그걸 몰라서 물어?"

로보캅이 팔짱을 끼더니 나직하게 말했다.

"너희들은 검은 숲에서 내게 모욕감을 줬어."

"그래, 인마. 넌 우리 형님에게 목욕 가운을 줬어!"

로보캅 뒤에서 총을 들고 대기하던 부하 한 명이 갑자기 나서서 쏘아붙였다. 지하실 안은 조용해졌다. 그러나 노빈손과 허수아비의 어깨가 부자연스럽게 들썩이고 있는 것을 눈치 챈 로보캅은 천천히 고개를 돌려 부하를 쳐다보았다.

"야. 그 입 다물어."

"……네."

로보캅이 다시 앞으로 몸을 돌렸다. 겨우 웃음을 참은 노빈손과 허수아비는 잽싸게 시침 뚝 떼고 바로 앉았다.

"요새 한국말을 배우는 녀석이다. 불타는 학구열을 비웃는 건가?"

"그런 뜻으로 웃은 건 아니었어요. 죄송해요."

로보캅이 쓴웃음을 지었다.

"어쨌거나 도착하면 우리 안부 인사나 전해 줘."

"네? 누구한테요?"

토네이도와 허리케인

허리케인은 북대서양, 카리브해, 멕시코만, 태평양 동부에서 발생하는 열대성 저기압으로 태풍과 비슷하게 폭우와 강풍을 동반한다. 토네이도는 주로 지상에서부터 시작되는 대형 회오리바람으로 대기가 불안정하면 생겨나는데 중심 부근의 풍속이 강해서 땅 위의 물체들을 맹렬히 휘감아 올린다. 토네이도는 수직으로 발달하여 좁은 지역을 순식간에 휩쓰는 강력한 바람이고 허리케인과 태풍은 수평으로 발달하여 넓은 지역에 피해를 준다.

"강바닥 물고기들한테."

허수아비와 노빈손의 얼굴이 새하얗게 질렸다. 허수아비가 마른 침을 삼키며 말했다.

"정말로…, 정말로 그렇게까지 할 겁니까?"

"나는 마피아. 그냥 의뢰인에게 부탁받은 대로 한다."

"의뢰인이요?"

로보캅이 짐짓 연극배우처럼 과장된 몸짓으로 허리를 굽혀 인사를 했다.

"허수아비, 널 잊지 않을 거다. 아끼던 후배라 가슴이 아프다만……. 공과 사는 구분해야 하지 않겠니? 어쨌든 누구나 가슴속에 상처 하나쯤은 있는 법이니까."

"그러믄요, 형님. 누구나 가슴속에 삼촌의 말씀 하나쯤은 있는 법이지요."

아까 그 부하가 또 끼어들었다. 잠깐 침묵하던 로보캅은 뒤를 돌아보며 으르렁대듯이 말했다.

"야. 한 번만 더 끼어들어 봐. 돌아가신 삼촌을 뵙게 해 줄 테니."

"……네!"

"너희 둘! 그만 일어서. 떠날 시간이다."

로보캅의 뒤에 있던 또 다른 사내가 총구를 겨누며 노빈손과 허수아비를 윽박질렀

허리케인에도 등급이 있다

미국은 풍속과 중심기압을 기준으로 허리케인을 다섯 등급으로 나누고 있다. 가장 강한 것이 5등급이고 가장 약한 것이 1등급이다. 1등급은 나무에 피해를 입히는 수준이다. 2등급은 지붕이나 문, 창문에 피해를 입힐 수 있고 해안가가 물에 잠길 수 있다. 3등급이면 건물과 담장이 무너질 가능성이 있으며, 해안가 안쪽까지 물에 잠길 수 있다. 4등급쯤 되면 지붕이 날아가며, 5등급이면 건물이 모두 무너지고 엄청난 규모의 해일이 덮친다.

다. 두 사람은 속수무책인 채로 로보캅을 따라 지하실 문밖의 계단 쪽으로 걸어갔다. 사내들은 노빈손과 허수아비의 옆구리를 차가운 총구로 계속 쿡쿡 찔러 댔다.

계단을 다 올라 1층에 서니 격렬한 바람소리가 들려왔다. 문 앞에 선 로보캅이 손잡이를 밀었다. 밖으로 나온 일행은 약속이라도 한 듯이 입을 멍청하게 벌렸다. 밖에는 말 그대로 아무것도 없었다.

로보캅이 화난 목소리로 말했다.

"이것들 봐라. 차 대 놓으라고 했는데 왜 아무것도 없……."

쿠과과광!

지구온난화로 해수면의 온도가 올라가면 더욱 많은 수증기가 생겨나 허리케인의 에너지를 키운다는 연구 발표가 있다. 2005년 8월, 허리케인 카트리나는 미국 뉴올리언스에 상륙하여 역사상 최악의 인명 손실 및 재산 피해를 안겨 주었다. 멈추지 않고 3주 후 5급 허리케인인 리타가 이어졌으며, 또다시 관측 역사상 가장 강력한 허리케인인 윌마의 습격이 있었다. 그에 끝나지 않고 허리케인이 12월 겨울까지 계속 발생했다.

말이 끝나기도 전에 엄청난 충돌음이 울려퍼졌다. 땅이 울리는 듯한 충격에, 노빈손은 총구가 허리를 찌르고 있는 것도 잊고 그만 주저앉고 말았다.

콰아아앙!

뒤이어 가스가 터지는 것 같은 폭발음이 요란하게 일었다.

"뭐, 뭐야? 무슨 일이야?"

허둥대던 로보캅은 눈앞에 펼쳐진 광경을 보고 망연자실했다. 원래대로라면 여기 주차되어 있어야 할 차가 앞마당에 코끝이 처박힌 채 불타고 있었다.

쿠과아앙!

두 번째 폭발음이 일었다. 이게 갑자기 어디서 나타났지? 하늘에서 자동차가 뚝 떨어졌다. 누군가가 자동차를 통째로 집어던지기라도 한 것처럼…….

"아! 저, 저거!"

바닥에 주저앉은 노빈손이 부들부들 떨면서 하늘을 가리켰다. 로보캅과 허수아비, 감시 역인 마피아 단원들까지도 자신들의 역할을 잊고 하늘을 쳐다보았다.

한 마리 용이 하늘과 땅 사이에서 꿈틀대고 있었다. 마치 꼬리로 지상을 쓸어버리는 것처럼, 용이 움직일 때마다 뭔가가 박살나는 소리가 실감나게 들려왔다. 고막이 찢어질 듯한 굉음이 허공에 울려퍼졌다. 너무 입을 벌린 나머지 침마저 조금 흘렸던 허수아비가 겨우 정신을 차리고 고함을 질렀다.

"토네이도닷!"

키이이이잉!

그 비명을 묻어 버리려는 듯, 칠판을 긁는 것같이 소름 끼치는 소리가 울려퍼졌다. 실로 거대한 토네이도였다. 그것은 살아 있는 양 움찔거리면서 땅 위를 달리고 있었다. 황당한 표정으로 올려다보던 로보캅이 소리를 질렀다.

가뭄과 홍수의 동반 습격

2005년 미국 뉴올리언스가 허리케인 카트리나에 쑥밭이 되었을 무렵, 유럽과 아시아에서는 유례없는 대홍수가 일어났다. 2005년 7월 인도 뭄바이에서는 24시간 동안 940mm의 비가 내려 인도 역사상 가장 많은 일일강우량을 기록했다. 강 수위가 2m를 넘었고 사망자 수는 1천여 명을 헤아렸다. 중국 쓰촨성과 산둥성도 대홍수로 고통받았다. 하지만 인근 안후이성은 극심한 가뭄을 겪었다. 지구온난화는 비가 오는 지역엔 홍수를 일으키고, 비가 적은 지역엔 가뭄을 몰고 오는 부익부 빈익빈의 특징을 갖고 있기 때문이다.

"아니, 저게 어디서 나타났지? 아무도 기상예보를 확인 안 한 거야?"

산전수전 공중전까지 겪은 노빈손도 처음 보는 광경이었다. 하늘과 땅 사이, 그 머나먼 거리만큼 기나긴 바람기둥이 폭발하듯 돌고 있었다. 상대가 너무 거대하다 보니 오히려 현실감이 없었다. 이 세상의 것 같지 않은 신비로운 풍경에 넋이 나갈 지경이었다.

휘리리릭~ 콰광!

또다시 엄청난 파열음이 바람을 갈랐다. 본능적으로 머리를 감싼 뒤에 소리 난 곳을 보니, 하늘에서 날아온 태양열판 하나가 방금 나온 건물 3층에 박혀 있었다.

후두둑, 돌가루와 유리 파편들이 비처럼 쏟아져 내렸다.

노빈손은 다시 토네이도 쪽으로 고개를 돌렸다. 잠깐 시선을 돌린 것뿐인데, 토네이도가 방금 전보다 더 커다랗게 보였다.

그제야 토네이도가 무시무시한 속도로 이쪽을 향해 달려오고 있다는 사실을 깨달은 노빈손은 뱃속에서부터 터져나오는 비명을 지르며 벌떡 일어섰다.

"끄아아아아악! 도망쳐! 이쪽으로 온다!"

겨우 사태의 심각성을 깨달은 사람들의 낯빛이 허옇게 변했다. 토네이도가 순식간에 도시를 평야로 탈바꿈시키면서 노빈손 일행이 있는 건물로 시시각각 다가오고 있었다. 비명을 지르는 와중에도 지붕이며 냉장고 같은 것들이 대포알마냥 날아들었다. 노빈손과 허수아비, 로보캅과 마피아 일당들은 힌마음 한뜻이 되어 앞뒤 잴 것 없이 건물 안으로 뛰어들었다.

"끼야아악! 빽빽빽! 후진! 후지이이인!"

콰과과광!

바람이 건물을 집어삼키는 소리가 실감나게 들렸다. 머리 위에서는 돌들이 떨어졌고, 등 뒤에서 소름 끼치는 폭풍 소리가 바싹 따라붙었다. 노빈손이 맨 앞에서 죽을힘을 다해 달려가고 있는 허수아비에게 소리쳤다.

"지하실! 지하실!"

아까는 그토록 원망스럽던 지하실이 지금은 이렇게 반가울 수가 없었다. 지하계단을 반 정도는 굴러 내려간 허수아비가 지하실로 뛰어들었다. 그다음으로 노빈손.

노빈손은 뭔가 허전함을 느끼고 뒤쪽을 올려다보았다.

'왜 아무도 따라오지 않지?'

"으아아아악!"

노빈손의 입에서 비명이 터져나왔다.

지하계단 위로 보여야 할 1층 천장이 부서지고 있었다. 휘몰아치는 바람소리에 고막이 찢길 것 같았다. 그리고…….

"사, 사람 살려!"

지하계단 끄트머리에 로보캅이 매달려 있었다. 다리가 바람에 말려서 날아가기 일보 직전이었다. 그나마 로봇 팔의 악력으로 벽을 붙잡아 버티는 모양이었지만, 저대로라면 날려가는 건 시간문제로 보였다. 그 뒤로 보이는 콘크리트 벽이 토네이도에 삼켜져 무너지고 있었다. 생각 이전에 노빈손의 발이 먼저 움직였다.

엘니뇨란?

엘니뇨란 스페인어로 '남자아이' 혹은 '아기 예수'라는 뜻이다. 태평양 적도 지방 동쪽의 해수면 온도가 다른 해보다 0.5℃ 이상 높은 상태가 5개월 넘게 지속되는 현상을 가리킨다. 보통 9월에서 이듬해 3월까지 발생하는데 발생 원인은 정확하게 알려져 있지 않다. 보통은 엘니뇨가 발생하면 허리케인의 수가 줄어들지만 최근 들어 발생하는 엘니뇨는 좀 더 서쪽까지 수온을 높여 허리케인을 더 발생시킨다는 연구 결과도 나왔다. 이렇게 새로운 형태의 엘니뇨는 지구온난화 때문이라는 의견이 유력하다.

“노빈손! 위험햇!”

바람소리 너머로 허수아비의 외침이 환청처럼 들려왔다. 단숨에 계단을 뛰어올라간 노빈손은, 한 손으로는 난간을 붙잡고 다른 한 손으로 로보캅을 힘껏 끌어당겼다. 지하계단 안쪽으로 무게가 기울어지자, 그제야 로보캅의 몸이 아래로 내동댕이쳐졌다.

“걸어 내려올 시간 없어! 머리 붙잡고 옆으로 굴러!”

허수아비의 고함소리가 아득하게 들려왔다. 노빈손과 로보캅은 누가 먼저랄 것도 없이 한 덩이가 되어 계단에서 굴렀다. 온몸이 돌에 부딪혔지만 아픈 줄도 몰랐다. 세상이 빙글빙글 도는 듯하더니 어느 순간 정지했다.

쾅!

두 사람을 지하실 안쪽으로 밀어 넣은 허수아비가 문을 힘껏 닫았다. 삽시간에 주변이 어둠에 휩싸였다. 거친 숨소리와 끙끙대는 신음소리가 좁은 지하실 바닥에 낮게 깔렸다. 머리 위에서는 아직도 소름이 절로 돋는 바람 소리가 울려퍼지고 있었다.

“헉…, 헉…, 노빈손, 괜찮아?”

“아이고…, 너무 놀라서 아픈 줄도 모르겠어요.”

“선배, 선배는 괜찮아요?”

“…… 괜찮아. 으음…….”

로보캅이 굵직한 목소리로 전혀 괜찮치 않은 신음을 흘렸다. 그대로 세 사람은 입을 다물었다. 그들의 머리 위로 바람이 갈기갈기 찢겨 나가는 것처럼 울부짖었다.

 # 어둠 속의 대화

어둠에 눈이 익자 아주 약간이지만 방 안의 윤곽이 보였다. 노빈손은 목이 부러지지 않았는지 확인해 볼 겸 고개를 휙휙 돌렸다. 그러다 오른쪽에서 커다란 덩치가 몸을 뒤트는 기척을 느꼈다. 십중팔구 로보캅이다. 그렇게 생각한 순간 그 방향에서 굵은 음성이 들려왔다.

"이봐, 감자 머리."

"노빈손이에요."

"그래, 노빈손. 왜 날 구했지? 난 너희들을 납치한 사람인데."

"게다가 우릴 인어왕자로 만들려고 했죠."

"……."

"이유 같은 거 없어요. 그냥 눈앞에서 사람이 죽게 놔둘 수 없었을 뿐이에요."

노빈손은 말하면서 온몸을 딱딱하게 만들었던 긴장이 조금씩 풀리는 것을 느꼈다. 그와 동시에 온몸이 쓰리고 아파 왔다. 로보캅이 한숨 쉬는 소리가 어둠 너머에서 들려왔다.

"휴, 너도 허수아비 못지 않은 바보구나. 끼리끼리 논다더니."

한동안 침묵이 흘렀다. 정적을 깬 것은 두 사람의 대화를 가만히 듣고 있던 허수아비였다.

"선배."

"왜?"

"어떻게 오즈 박사에 대해 알고 계신 겁니까? 혹시…, 오즈 박사가 블랙레인과 손을 잡고 블루플래닛에 바이러스를 뿌린 건가요?"

"무슨 소리야? 아냐, 우리도 오즈 박사를 찾는 중이라고."

"왜 블랙레인이 오즈 박사를 찾으려 합니까? 에덴 프로젝트가 목적입니까? 하지만 그건 그냥 기상 조절 프로그램인데요. 마피아가 그걸 뭐에 쓰겠다는 거죠?"

한참 침묵하던 로보캅이 느릿하게 되물었다.

"나도 하나만 묻자."

"선배, 제 질문에 대답은 안 하시고……."

"너희들, 이 사건 정말 끝까지 추적할 생각이냐?"

"……."

"내가 말했지? 블루플래닛은 너희가 오즈 박사를 찾는 걸 원치 않는다고. 자기네 체면을 지키기 위해 박사를 추적하는 척하며 너희를 내세웠을 뿐이야."

"이유나 좀 말씀해 주시고 그런 주장을 하세요."

허수아비가 따져 묻자 로보캅이 비웃는 건지 재채기하는 건지 모를 소리를 흘렸다.

"조금 전에 왜 블랙레인이 오즈 박사를 쫓느냐고 물었지? 의뢰를 받았거든. 오즈 박사를 찾아오라고 말이야."

"누가 그런 의뢰를?"

"아메리카 연합."

그 말에 허수아비는 물론이고 노빈손도 깜짝 놀랐다.

"아니, 왜 메연이 마피아한테 그런 의뢰를?"

"그뿐이 아냐. 우리 조직의 아시아 지부인 흑우파도 시맹 정부에게서 똑같은 의뢰를 받았어."

"왜, 왜요?"

"메연도 시맹도 에덴 프로젝트를 간절하게 탐내고 있거든. 블루플래닛의 파일이 파괴된 지금, 그걸 복원할 수 있는 건 오즈 박사뿐이고. 하지만 대놓고 나서기엔 서로 눈치가 보이거든. 잘못하면 커다란 외교 갈등이 생길 수 있으니 말이야. 그래서 우리더러 찾으라고 의뢰한 거야."

벌떡 일어서려던 허수아비가 작은 신음을 흘렸다. 갑자기 움직이려니 허리가 쑤신 모양이었다.

"윽, 그게 말이 됩니까? 에덴 프로젝트를 원하는 이유는 알겠어요. 날이 갈수록 이상기후 현상이 심해지고 있으니, 그걸 막을 수 있는 프로그램이 얼마나 탐이 나겠어요. 하지만 마피아까지 끌어들이면서 획득해야 할 이유는 없잖아요! 그냥 블루플래닛에 맡기면 다 협의해서 조정해 줄 텐데요. 전 지구적인 협력, 그게 국제기구인 블루플래닛을 만든 이유이기도 하잖아요."

"순진한 녀석."

"네?"

"넌 기상을 장악한다는 것의 진정한 의미를 하나도 모르고 있어. 네가 믿건 안 믿건 시맹과 메연이 서슬 퍼런 눈으로 오즈 박

최근 지구온난화가 진행되면서 사람들은 점점 겨울이 따뜻해질 것이라 생각하지만 2010년 기록적인 폭설과 한파가 아시아와 미국, 유럽 등에서 나타났다. 북극의 온도가 평균보다 10℃ 이상 높아져 밀려난 차가운 공기가 북반구 지역에서 한파를 일으켰기 때문이라고 한다. 이때 남미 지방은 홍수에 시달렸는데 북극의 차가운 공기가 남반구로 내려오면서 엘니뇨의 영향으로 생긴 따뜻한 수증기와 만나 폭우를 만들었기 때문이다. 북극의 온도가 높아진 것이 일시적인 현상인지 지구온난화 때문인지는 아직 밝혀지지 않았다.

사를 추적하고 있는 건 사실이야. 그러니 블루플래닛이 감히 이 고래 싸움에 끼어들 수 있겠나."

로보캅이 픽 코웃음 치는 소리가 들려왔다.

"F급 요원이었던 네게 이런 중대한 건수를 맡겼다는 게 그 증거야. 블루플래닛은 에덴 프로젝트의 소유권에 욕심이 없다, 발 빼겠다는 표시인 거지."

"그런 말도 안 되는 모함을……."

허수아비가 씩씩거렸다. 로보캅의 말이 이어졌다.

"국제기구 블루플래닛이 나라 간의 분쟁을 해결한다고 번지르르하게 말하지만, 현실적으로는 강대국들의 요구에 시달리기 일쑤지. 그러니 이번에도 조용히 있을 수밖에. 우리야 그 틈바구니에서 장사 좀 하는 거고."

"믿을 수 없어요!"

허수아비가 머리칼을 쥐어뜯었다.

"선배의 말이 진실이라는 증거 같은 건 하나도 없잖아요! 그렇죠?"

"그만해요."

노빈손이 허수아비의 말을 가로막았다. 노빈손의 차분한 목소리가 이어졌다.

"진실이라는 건 누군가의 몇 마디를 주워 듣고 알 수 있는 게 아니에요. 우리가 직접 발로 뛰면서 확인하고 알아내는 거잖아요.

현재 기상 조절 사업이 가장 활발한 나라는 미국이다. 미국에는 전용 비행기와 구름 측정용 장비, 기상 레이더 등을 갖춘 인공강우 회사들도 있다. 이 회사들은 수자원 관련 기관, 스키장, 농업 분야, 정부나 학교의 연구팀 등을 위해 인공강우, 인공강설, 안개 없애기, 우박 억제 등의 실험을 하고 있다. 그리고 다른 나라의 기상 조절 프로그램을 도맡아 운영하기도 한다.

그러려고 여기까지 왔고요."

허수아비와 로보캅이 놀라서 노빈손이 있는 쪽을 쳐다보았다. 로보캅이 피식 웃었다.

"어이, 감자 머리, 이름이 뭐냐?"

"노빈손이라니까요."

"노빈손이라. 기억해 두지."

우우웅, 우우우웅.

대화가 끊기자 귀가 찢어질 듯한 바람 소리가 몰아쳤다. 누군가가 토해 낸 가느다란 한숨이 암흑 속으로 빨려 들어갔다. 로보캅이 중얼거렸다.

"허수아비. 난 진심으로……, 네가 이 일에서 손을 떼길 바랐다. 너처럼 순진한 녀석이 끼어들 데가 아냐."

나비 효과

시커먼 어둠 속에 주저앉아 있다가 깜박 잠이 들었나 보다. 스르르 몸을 일으킨 노빈손은 더 이상 바람 소리가 들리지 않는다는 것을 깨달았다. 더듬더듬, 지하실의 철문을 손으로 찾아내어 열었다.

삐이걱.

육중한 소리와 함께 문이 열리자 머리 위로 이어지는 계단 끝에

푸른 하늘이 보였다.

"일어나요! 토네이도가 지나갔어요!"

정신없이 자고 있던 허수아비는 두들겨 깨우자 부스스 일어났다.

"으음…, 선배는?"

로보캅의 모습은 보이지 않았다.

노빈손이 지상으로 나가는 문을 밀자 덜렁대다가 풀썩 떨어졌다.

땅 위는 폭격이라도 맞은 것처럼 폐허가 되어 있었다. 성하게 서 있는 건물은 하나도 보이지 않았다. 반 동강 난 차체와 허물어진 콘크리트, 태양열판 등이 뒤엉켜 있었다. 길도 마을도 보이지 않았다. 그런데 하늘은 아무 일 없었던 척하며 화창하게 햇살을 내리붓고 있었다.

노빈손은 차마 말이 안 나온다는 얼굴로 그 풍경을 둘러보았다.

"이게…, 도대체!"

"그야말로 자연의 응징이로군. 쿨럭!"

허수아비가 쉰 목소리로 기침을 연발하며 사방을 살폈다.

"22세기 예보 시스템으로도 기상 이변 현상을 예측하기가 힘들어. 게다가 요 근래 갑자기 급격하게 심해졌단 말이야. 이대로 있다간 도시가 아니라 나라 하나도

나비 효과란 무엇일까?

나비 효과를 처음 주장한 사람은 미국의 기상학자 데이비드 로렌츠이다. 1960년대 데이비드 로렌츠는 초기 컴퓨터로 기상 예측 프로그램을 작동시키던 중 평소와는 전혀 다른 결과를 얻게 된다. 알고 보니 초기 조건에 소수점 이하 단위의 수치를 다르게 입력했기 때문이었다. 나비의 날갯짓 정도에 불과한 작은 바람이 나중에는 큰 태풍을 불러일으킨다는 결과가 나온 것이다. 나비 효과의 의미는 기상 예보가 정확하기 위해서는 기상의 변화를 일으키는 수많은 이유들을 작은 것 하나까지 모두 완벽하게 파악해야 한다는 것이다.

쉽게 작살날 거야. 메연이 괜히 에덴 프로젝트를 탐내는 게 아니지."

그때였다. 모든 것이 정지한 채 고요한 세상에서 짤랑거리는 방울 소리와 함께 노랫소리가 들려왔다.

"인생무상~♪♪ 허무한듸~♬♪."

"뭐, 뭐지?"

노빈손이 놀라자 허수아비가 왼쪽 손등을 건드렸다.

"백팔번뇌의 공연 영상 해독이 끝났나 봐."

왼쪽 손등에서 뿜어져 나온 영상 속에 'Butterfly Effect'라는 문자가 떠올랐다. 노빈손이 무심코 소리내어 그 글자를 읽었다.

"버터플라이 이펙트? 나비 효과?"

"우아, 니가 나비 효과도 알아?"

뜻밖이라는 표정을 짓는 허수아비를 향해 노빈손이 입술을 삐죽거렸다.

"나비 효과를 왜 몰라요? '나비의 날개짓이 바다를 건너면 폭풍우가 될 수도 있다', 아주 작은 일이 커다란 결과를 불러올 수도 있다는 이야기잖아요? 그런데 왜 아이돌 공연 데이터 속에 이런 단어가 숨어 있는 거죠?"

"글쎄, 복구가 불완전해서 이것만으로는 무슨 자료인지도 알기 어려운데……."

허수아비가 말을 끝맺기 무섭게 허공의 문자들이 산산이 흩어지더니 둥그런 모양의 지구본 영상이 나타나 빙글빙글 돌기 시작했다.

그 입체 영상 속으로 스무 마리가량의 붉은 나비가 날아들더니, 지구본 여기저기에 앉아 가만히 날개를 하느작거리는 것이 아닌가.

노빈손과 허수아비가 두 눈을 끔벅거렸다.

"뭐지, 이건? 지구와 나비? 나비가 지구를 정복한다는 뜻인가?"

"실없는 소리 그만!"

허수아비가 오른손으로 영상을 휘저어 보았지만 그 이상의 변화
는 일어나지 않았다.

"아무래도 다시 재배열하는 건 무리인가 봐. 이것만으로 알아낼
게 있을까?"

입체 영상 주위를 빙글빙글 돌던 노빈손이 중얼거렸다.

"아프리카에 앉아 있는 건 열두 마리네요. 나머지는 시맹에 반, 메
연 지역에 반."

"그러고 보니 여기는?"

허수아비의 눈이 가늘어졌다. 그가 손가락으로 메연 지역에 앉아
있는 나비 중 한 마리를 가리키자 해당 지
역의 이름이 떠올랐다.

캔자스시티

노빈손이 홱 고개를 돌려 허수아비를 보
았다.

"우리가 지금 있는 곳이잖아요."

"그래…, 게다가 이걸 봐! 우리가 갔던
시맹의 검은 숲 위에도 붉은 나비가 앉아
있어. 스무 군데 중에 두 곳이 우리의 궤적
과 일치해. 이게 그냥 우연일까?"

두 사람은 그 자리에 주저앉은 채 나비들
의 날개가 팔락거리는 영상을 뚫어져라 노
려보았다.

기상 예보의 정확성은?

다음 날의 날씨 같은 경우에는
변화 요소를 가능한 한 많이 파
악할 수 있기 때문에 예보가 85
~90% 정도로 정확하다. 그런데
몇 개월 뒤의 날씨를 예측하기에
는 그사이에 발생할 수 있는 변
화 요소가 너무 많아서 정확도가
40%대로 떨어진다. 그래도 장기
기상 예보는 농업, 산업, 수산업
등의 분야에서 중요하기 때문에
선진국 등에서는 예보의 정확성
을 높이기 위해 노력하고 있다.
하지만 해마다 심해지고 있는 이
상기후는 장기 기상 예보를 더욱
어렵게 한다.

"알았다! 공통점을 찾았어!"

갑자기 노빈손이 손바닥을 쳤다. 허수아비가 다그치듯이 물었다.

"뭔데? 뭐야?"

"검은 숲에서도, 여기 캔자스시티에서도……."

뜸을 들이는 노빈손을 보며 허수아비가 침을 꿀꺽 삼켰다. 노빈손이 기세등등하게 말을 맺었다.

"자동차가 박살났어요! 거기선 당신의 차가, 여기선 로보캅의 차가."

"……."

잠시 그대로 굳어 있던 허수아비가 고개를 푹 숙이며 머리를 감쌌다. 그 아래에서 실로 음산한 목소리가 흘러나왔다.

"내 차가 왜 박살났는지 잊었나 본데…, 그건 니가 멋대로……."

노빈손이 아차 하는 표정을 지으며 손을 내저었다.

"아, 아니. 그건 어디까지나 사고잖아요! 불운한 사고!"

"너 때문에 내 자동차 님이!"

한동안 잊고 지냈던 울분이 다시 치밀어 오르는지 허수아비가 벌떡 일어섰다. 그걸 말리려는 듯 노빈손이 양손을 번쩍 들어

이상기후를 막기 위해 우주 거울을 설치하자

지구의 기후 시스템을 인간의 과학 기술로 조절해 보자는 주장도 있다. 이를 지구공학이라고 한다. 이산화황을 성층권에 뿌리거나 엄청난 수증기를 올려 보내 구름을 만들어 태양빛을 가리자는 구상도 있고 우주에 엄청난 크기의 거울을 설치해 태양빛을 반사하자는 구상도 있다. 하지만 성공 확률이 절반도 안 될 뿐만 아니라 생태계를 돌이킬 수 없을 정도로 망가뜨릴 가능성이 크다. 이산화황으로 인한 산성비 피해와 인공 구름으로 인한 폭우 가능성이 얼마나 클지 예측할 수 없기 때문이다. 하지만 황당하게 느껴지는 이런 주장이 나오는 것은 그만큼 지구 온난화가 발등에 떨어진 불만큼 위급하다는 증거도 된다.

올렸다.

"찾았어요! 공통점! 이번엔 진짜예요!"

"또 이상한 소리 하면 가만 안 둔다."

"이번엔 틀림없어요."

콧김을 뿜어 내며 자신감을 보인 노빈손이 입을 열었다.

"거기서 로보캅을 만났잖아요. 여기서도 로보캅을 만났고요."

"……그래서?"

"이건 로보캅의 행동 범위를 표시한 지도가 아닐까요?"

허수아비가 한숨을 쉬었다.

"오즈 박사가 왜 그런 지도를 갖고 있겠냐?"

"……그렇네요."

"어쨌든, 이 데이터가 뭔지 밝혀내야겠어. 이것만 아프리카에서 제작된 데다, 아이돌 공연 영상으로 위장되어 있었단 말이지. 뭔가 냄새가 나."

"그럼 이 데이터를 보낸 사람을 찾으면 되겠네요. 누가 무슨 목적으로 이 데이터를 만들었는지 직접 가서 확인해요!"

"그래."

허수아비가 고개를 끄덕였다.

"아프리카로 가자."

지금의 추세대로 온난화가 계속된다면 백 년 뒤 지구의 평균기온은 6℃ 정도 오를 수 있다고 한다. 그렇게 되면 지구에 무슨 일이 벌어질까? 지금부터 말숙이와 노빈손의 이야기를 들어 보자.

▶ 빙하가 사라진 세계

노빈손 우선, 지구의 평균기온이 6℃ 정도 높아지면 지구에 있는 모든 빙하가 녹아 없어지게 돼.

말숙이 뭐? 말도 안 돼. 어떻게 그래?

노빈손 그린란드 빙하를 예로 들어 볼게. 온도가 1℃ 오르면 25%, 2℃ 오르면 60%, 그리고 3℃ 오르면 90% 정도가 녹아 없어진다고 해. 북극과 그린란드의 빙하, 서남극의 빙하, 산에 있는 모든 빙하 등이 녹아 버리면 그 물이 바다로 흘러들 테고, 해수면은 적어도 10m 이상 높아지게 될 거야.

말숙이 10m라고? 바닷물이 한 3층 높이 정도만 높아지는 거네.

노빈손 이게 별것 아닌 것 같지? 동남아시아 사람들은 대부분 해수면보다 1m 내외로 높은 땅에 산다고. 해수면이 1m 높아지면 1억 명 이상이 살던 땅을 떠나야 하는 거야.

말숙이 뭐? 그럼 그 많은 사람들은 어디로 가야 하지?

노빈손 남아 있는 육지라도 안전하지 않아. 그렇게 되면 육지의 지하수에도 짠 소금기가 도니까 마실 물이 없게 돼. 염분이 높으니까 농사를 지을 수도 없고.

노빈손 그리고 말이야…….

말숙이 끔찍해! 아직 더 있어?

노빈손 당연하지! 빙하가 녹으면 수많은 바다 생물들이 멸종할 수도 있어.

말숙이 그건 또 왜 그런 거야?

노빈손 이산화탄소가 바닷물에 녹으면 바닷물은 점점 더 산화되거든. 바닷물이 산화되면 산성을 띠게 되고 산호초나 조개 및 불가사리 같은 해양 동물들의 껍데기와 뼈대를 녹여 버리게 돼.

말숙이 바, 바닷물에 조개가 녹는단 말이야? 못이 산화되면 빨갛게 녹슬어 바스러지는 거랑 비슷한 거야?

노빈손 그렇다니까. 바다 생물 중 절반은 탄산칼슘으로 껍데기를 이루고 있어. 그런데 탄산칼슘은 산성에 녹거든. 그리고 나머지 절반은 규산질로 구성되어 있고.

말숙이 그럼 규산질로 이루어진 생물들은 산성에 타격받진 않겠네?

노빈손 그게 또 그렇지 않단 말이야. 규산질 생물들은 주로 해수의 낮은 곳에 살아. 그렇기 때문에 물이 따뜻해지면 환경이 달라지는 거니까 버틸 수가 없어. 또 물고기의 뇌와 중추신경계는 산성화된 물에 손상을 입는다고 해. 물고기가 미쳐 버리는 거지.

말숙이 아이고, 정말 무섭다.

▶부익부 빈익빈

노빈손 그리고 이상기후 현상이 심해지면 가난한 나라들은 아예 사라져 버릴 지도 몰라.

말숙이 부자 나라들은 괜찮고?

노빈손 생각해 봐. 이상기후로 인한 기상 재해는 앞으로 더욱 빈번해질 텐데 가난한 나라들은 부자 나라들에 비해서 이에 대처할 예산이 없단 말이야. 예를 들어서, 댐이나 둑을 만들어서 물을 저장하는 시설이 있어야 홍수나 가뭄에 대비할 수 있을 거 아니야? 하지만 그걸 만들려면 돈이 있어야 한다고.

말숙이 그래서 돈이 없는 나라들은 가뭄이나 홍수의 피해를 더 크게 입는다는 거구나. 잠깐! 그렇게 이상기후에 피해를 입고 나면 그 나라 사람들은 더욱 가난해질 것 아니야?

노빈손 바로 그거야! 그래서 가난한 나라들이 더욱 가난해지는 악순환에서 벗어날 수 없게 된다고. 정작 가난한 나라들은 지구온난화의 주 원인인 이산화탄소나 메탄가스를 거의 배출하지 않았는데 말이야. 그런 온실가스는 대부분 돈을 벌려는 산업국가들이 이미 뿜어낸 것이거든.

말숙이 그 나라들을 위해 그리고 백 년 뒤에 지구의 온도가 오르지 않게 하려면 뭘 어떻게 해야 해?

노빈손 먼저 탄소 발자국을 줄여야 해. 탄소 발자국이란, 개인 또는 단체가 발생시키는 온실가스의 총량을 나타낸 거야. 내가 살아가고 어떤 제품을 사용하고 버릴 때 이산화탄소를 발생시킬 수밖에 없거든. 마치 움직일 때마다

발자국을 남기는 것처럼.

말숙이 과자 봉지에 이산화탄소 배출량이 적혀 있는 거 봤어.

노빈손 맞아. 바로 그게 탄소 발자국이야. 탄소 발자국을 줄이려면 물건을 살 때 이왕이면 이산화탄소 배출량이 더 적은 것을 사면 돼. 온실가스는 결국 인간의 욕심이 만들어 내는 거야. 약간의 불편함을 감수하며 사는 게 싫어서 편하게 살려고 하다 보니 온실가스가 펑펑 나오게 되는 것이거든. 그러니까 자연에 양보하는 마음가짐으로 조금씩 아끼면서 살아야 돼. 쉽게 실천하는 방법은 많아. 안 쓰는 전원 코드는 뽑아 둔다든지 자동차 대신 대중교통을 이용한다든지, 겨울 난방의 온도를 낮춘다든지 등등.

말숙이 뭐, 쉽네. 내가 전원 코드 한 번 뽑을 때마다 조개 한 마리 살리는 거라고 생각해야지.

노빈손 그래! 역시 말숙이 넌 내 여자 친구야.

대체 너 어쩌려고 그러니?
다 당신들이 배출한 CO2 때문인걸?
교토의정서
3
!

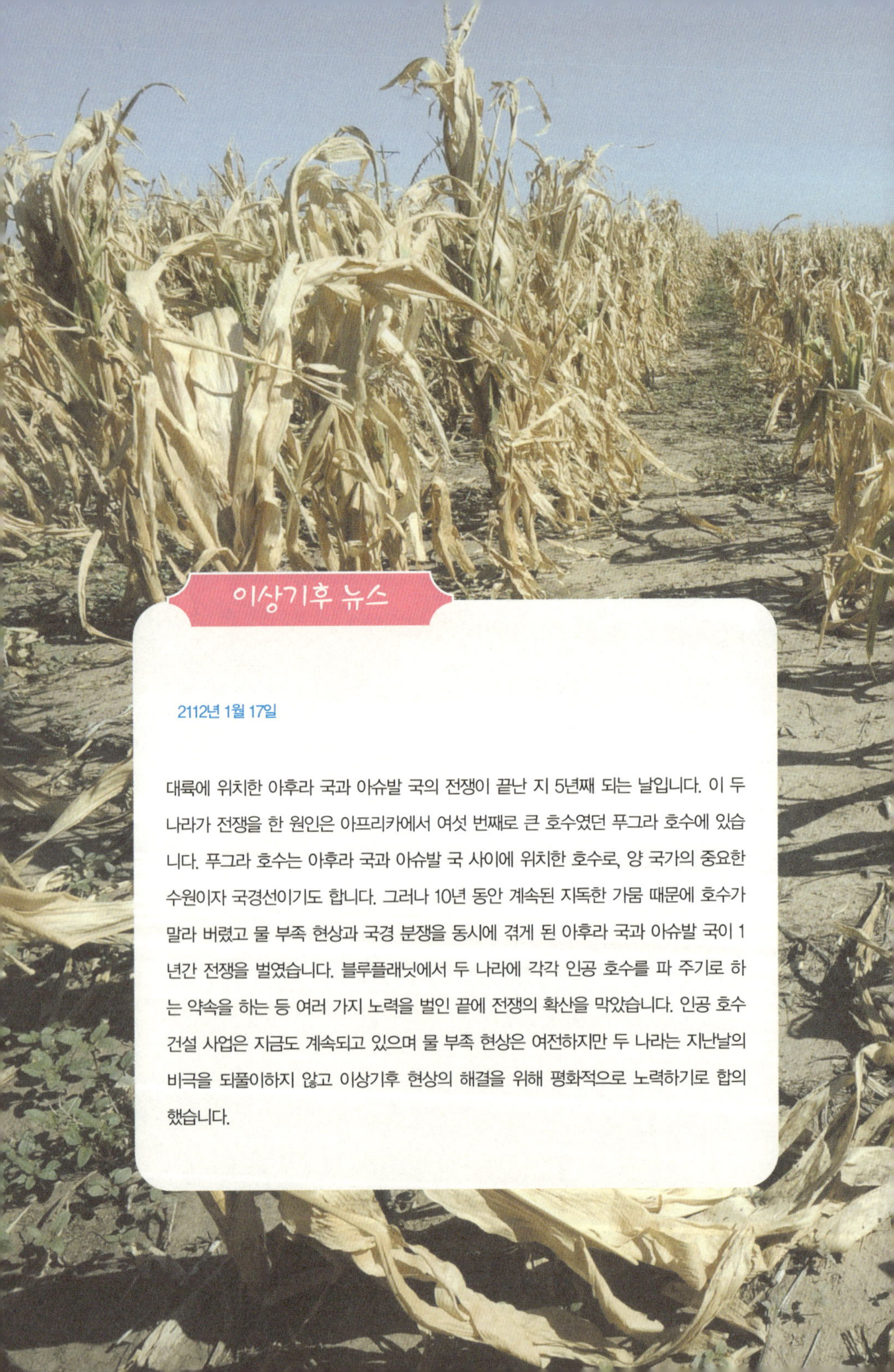

2112년 1월 17일

대륙에 위치한 아후라 국과 아슈발 국의 전쟁이 끝난 지 5년째 되는 날입니다. 이 두 나라가 전쟁을 한 원인은 아프리카에서 여섯 번째로 큰 호수였던 푸그라 호수에 있습니다. 푸그라 호수는 아후라 국과 아슈발 국 사이에 위치한 호수로, 양 국가의 중요한 수원이자 국경선이기도 합니다. 그러나 10년 동안 계속된 지독한 가뭄 때문에 호수가 말라 버렸고 물 부족 현상과 국경 분쟁을 동시에 겪게 된 아후라 국과 아슈발 국이 1년간 전쟁을 벌였습니다. 블루플래닛에서 두 나라에 각각 인공 호수를 파 주기로 하는 약속을 하는 등 여러 가지 노력을 벌인 끝에 전쟁의 확산을 막았습니다. 인공 호수 건설 사업은 지금도 계속되고 있으며 물 부족 현상은 여전하지만 두 나라는 지난날의 비극을 되풀이하지 않고 이상기후 현상의 해결을 위해 평화적으로 노력하기로 합의했습니다.

프로그래머 심바

아프리카의 케냐, 시내 외곽 프로그래머 '심바'의 집

밤을 새워 가며 시뮬레이션 프로그램을 짜느라 눈이 빨개진 심바는 늘어지는 눈꺼풀을 필사적으로 들어 올리며 홀로그램들 속에서 허우적거리고 있었다. 그런 그의 눈앞에 아름다운 여성의 모습을 한 집사의 입체 영상이 떠올랐다.

"심바 님, 손님이 오셨습니다."

"손님? 누군데?"

"블루플래닛에서 온 허수아비와 노빈손이라고 합니다."

멈칫. 심바의 손이 공중에서 멎었다.

"블루플래닛이라고? 게다가 직접 왔단 말이지? 화상통신 요청이 아니라?"

"그렇습니다."

심바가 잠시 한숨을 쉬더니 중얼거렸다.

"왠지 골치 아픈 문제가 생긴 것 같은데."

"어떻게 할까요?"

"어쩌긴 뭘. 만날 수밖에."

"알겠습니다."

사막화의 범위

지구에서 사막화 영향을 가장 많이 받는 지역은 건조와 반건조 기후대에 속하는 지역이다. 북아프리카 사하라 사막, 남아프리카 중부, 중동, 서아시아, 중미와 남미 일부 지역, 미국 서부, 오스트레일리아 등이 해당된다. 지난 50년간 브라질 크기만 한 810만 km^2 지역이 사막화 되었다. 유엔 환경위원회 자료에 따르면 가축을 키우는 전 세계 방목지의 63%와 비가 오면 농사를 지을 수 있는 경작지의 60%, 저수지 등의 물이 필요한 경작지의 30%가 지구온난화로 인해 사막으로 변하고 있다. 또한 110개국 10억 명이 넘는 사람들이 사막화로 인해 생존의 위협을 받고 있다.

매끄러운 음성과 함께 심바가 앉아 있던 의자가 움직이기 시작했다. 일어설 필요도 없이 의자째 거실로 이동한 심바는 상기된 얼굴로 소파 위에 앉아 있는 두 사람과 마주쳤다.

먼저 말을 꺼낸 것은 심바 쪽이었다.

"무슨 용건이시죠?"

허수아비는 아무 말도 없이 왼쪽 손의 검지를 탁 튕겼다. 그러자 손목에서 흰빛이 뿜어져 나오며 입체 영상이 허공에 펼쳐졌다. 지구 곳곳에 붉은 나비들이 앉아 있는 홀로그램이었다. 심바가 의아한 표정을 지었다. 허수아비가 물었다.

"당신이 만든 프로그램이죠?"

"……그런데요?"

"오즈 박사의 의뢰로 만든 건가요?"

심바가 팔짱을 끼었다.

"오즈 박사님은 블루플래닛에서 중요한 연구를 진행 중이신 걸로 아는데요. 이 먼 곳까지 찾아와서 제게 직접 물으시는 것보다, 박사님한테 여쭤 보시는 게 빠르지 않겠습니까? 아니면……."

심바의 눈 속에 거무칙칙한 어둠이 떠올랐다.

"오즈 박사님에게 무슨 일이 생겼나요?"

허수아비가 두 손을 들어 올리며 진정하라는 제스처를 취했다.

"그게 아닙니다. 실은 오즈 박사님이 행방불명되어서요."

"네? 행방불명이요?"

심바의 눈에 걱정의 그늘이 짙어졌다. 그 모습을 본 허수아비는 오즈 박사가 바이러스를 퍼뜨리고 에덴 프로젝트를 파괴한 범인으로 지목받고 있다는 사실은 입 밖에 내지 않기로 했다. 아무래도 이 '심바'라는 프로그래머는 오즈 박사와 각별한 것 같으니까.

"실례합니다. 정식으로 인사 드리지 못했군요. 저는 블루플래닛 요원 허수아비입니다. 이쪽은 제 조수 노빈손입니다. 오즈 박사님이 프로젝트 연구 중에 모습을 감추셔서 찾고 있는 중입니다. 혹시 박사님의 행적에 대해 뭔가 알고 계신 것은 없으신지요?"

엄지손톱을 깨물면서 생각에 잠겼던 심바가 말했다.

"알 리가 없지요. 그렇게 오즈 박사님과 왕래가 잦았던 것도 아니었고……."

"어쨌든 이 나비 프로그램은 당신이 짠 게 맞죠?"

노빈손이 묻자 심바가 나지막히 한숨을 쉬었다.

"네. 한 달쯤 전이었나? 갑자기 오즈 박사님에게서 연락이 왔어요. 가상 시뮬레이션 프로그램을 하나 짜 달라구요. 그런 걸 할 수 있는 프로그래머라면 주변에 잔뜩 있을 텐데 왜 굳이 절 지목해서 부탁하셨는지 모르겠지만요."

"무슨 프로그램이었는데요?"

노빈손이 묻자 심바가 어깨를 으쓱했다.

가뭄 때문에 일어난 전쟁

원래 아프리카 수단에서는 소와 양을 키우는 북부 아랍인들과 농사를 짓는 남부 흑인들이 평화롭게 살고 있었다. 옛날에는 식수가 넉넉했기 때문에 북부 목동들이 가축을 몰고 와 남부 농민들의 강물을 먹여두 문제가 되지 않았다. 그러나 지구온난화 때문에 인도양 상공에서 생겨나던 계절성 열대 몬순(계절풍)이 사라졌고, 이 때문에 지난 20년간 수단 남부의 강수량은 40% 이상 줄어들었다. 그러자 농민들과 목동들은 물을 놓고 싸우기 시작했고, 결국 '다르푸르 내전'이라고 불리는 큰 전쟁이 일어났다.

“나비 효과를 예측하기 위한 시뮬레이션입니다.”

“나비 효과?”

“네. 아주 작은 움직임도 겹치고 겹쳐지면 다른 큰 움직임의 원인이 된다는 카오스 이론이죠.”

심바의 손가락이 입체 영상을 가리켰다.

“박사님은 그 움직임의 흐름을 계산할 수 있는 수식을 완성했다면서, 제게 수식 데이터를 보내시곤 그걸로 시뮬레이션을 짜 달라고 하셨어요.”

“나비 효과 예측 시뮬레이션이라, 그럼 지구 위에 앉은 나비들은 뭘 의미하는 거죠?”

# 나비 효과의 비밀

심바는 몇 시간째 홀로그램을 살핀 뒤에 입을 열었다.

“이 나비들은 이상기후 현상의 표식입니다.”

“이상기후?”

한참 데이터를 만지작거리던 심바가 고개를 갸우뚱했다.

“이상하네요. 박사님은 왜 이런 걸 시뮬레이션하라고 하셨을까?”

“무슨 말입니까?”

“이 시뮬레이션 결과 말이에요.”

심바가 검고 굵은 손가락으로 입체 영상을 가리켰다.

"이건 남극의 날씨를 변화시켰을 경우 2, 3년 내에 발생할 수 있는 나비 효과의 추정 결과입니다. 온난화를 막고 남극의 날씨를 예전 상태로, 그러니까 빙하가 더 녹지 않을 만큼 추워지게 조절하면 전 세계에 어떤 영향이 오는지 알아본 거예요."

"아니, 그럼 이 붉은 나비들은……."

노빈손의 말에 심바가 고개를 끄덕였다.

"남극의 날씨를 변화시킬 경우 심각한 이상기후 현상이 발생하게 될 지역을 표시하고 있는 겁니다."

"맙소사!"

노빈손과 허수아비의 안색이 변했다. 그를 눈치 채지 못한 심바가 턱을 슥슥 문지르며 말했다.

"그런데 이상하네. 왜 이런 비현실적인 시뮬레이션을 만들었을까요? 기상 조절은 불가능하잖아요."

"아니, 불가능하지 않아요."

노빈손이 대꾸하자 심바가 어리둥절한 표정을 지었다. 허수아비가 노빈손을 돌아보았다.

"역시 너도 눈치챘구나?"

2004년 영화 〈투모로우〉는 지구 온난화로 빙하가 녹으면 북반구에 빙하기가 온다는 내용의 재난 영화이다. 바닷물의 순환은 적도 지방의 뜨거운 바닷물이 북반구 쪽으로 올라오고 극지방의 차가운 바닷물이 가라앉아 적도 지방으로 내려가면서 이루어지는데 빙하가 녹은 차가운 물은 염분 농도가 낮아 가라앉지 못한다. 그래서 과학자들은 빙하가 녹으면 바닷물의 순환이 멈추고 계속 위쪽에 떠 있는 차가운 물 때문에 빙하기가 올 수 있다고 한다. 영화의 내용처럼 빙하기가 며칠 사이에 오진 않겠지만 가능성은 충분한 것이다.

"당연하죠. 에덴 프로젝트의 내용이 바로 그거잖아요. 의도대로 날씨를 조절하는 것!"

"그래. 아마 이 프로그램은 에덴 프로젝트를 실행했을 경우 지구에 발생하게 될 현상을 알아보기 위한 것일 거야. 그런데 이상한 점은……."

허수아비가 영상을 가리켰다.

"에덴 프로젝트는 이상기후를 막고 날씨를 조절하기 위한 거잖아. 그런데 저 나비 떼들은 뭐야? 심바 말대로 저게 다 이상기후 현상이 일어나는 지역이라면, 이 프로젝트는 오히려 재앙의 씨앗인데?"

"그러게요."

맞장구를 치면서 지구의 영상을 바라보던 노빈손의 눈이 메연의 캔자스시티에 멎었다. 멍하니 지구 영상을 올려다보고 있을 때, 순간 번개가 치는 것처럼 머릿속이 번쩍했다.

'캔자스시티와 검은 숲 사이에 뭔가 공통점이 있나?'

처음 이 영상을 보았을 때 허수아비와 나누던 대화. 떠올렸던 의문. 그 의문의 해답이 영감처럼 떠올랐다. 노빈손은 목이 메인 것 같은 목소리로 조그맣게 허수아비를 불렀다.

"……알았어요."

"뭐?"

“이건 시뮬레이션이 아니에요.”

“뭐? 무슨 소리야?”

허수아비가 묻자, 노빈손이 벌떡 일어나 영상을 빙그르르 돌렸다. 둥그렇던 지구의 영상이 평면 지도로 변해서 펼쳐졌다. 군데군데 붉은 나비로 파먹힌 것처럼 보이는 지구의 모습이 한눈에 들어왔다. 노빈손이 나비가 앉은 지역 두 군데를 가리켰다.

“봐요. 여긴 캔자스시티고, 여긴 검은 숲이잖아요.”

“그래. 그게 어쨌다고?”

“그거 말고! 둘의 공통점을 모르겠어요? 둘 다 최근에 급격한 기상 재해가 발생한 곳이잖아요. 갑작스런 온도 변화와 토네이도의 습격.”

허수아비가 눈을 동그랗게 떴다. 노빈손이 말을 이었다.

“이건 시뮬레이션이 아니에요. 에덴 프로젝트의 실제 결과물이죠.”

“뭐, 뭐라고?”

노빈손이 고개를 끄덕였다.

"에덴 프로젝트는 이미 실행되었던 거예요! 그리고 그 나비 효과로 인해 지구에 더욱 심한 이상기후 현상이 나타난 거고. 벌레가 창궐하고, 토네이도가 일어나고, 가뭄은 심해지고!"

옆에서 노빈손의 말을 듣던 심바가 재빠르게 세계연합기상청 네트워크로 접속했다. 기상 보도들을 긁어모아 하나하나 맞춰 보던 심바의 눈이 커졌다.

"이럴 수가!"

"왜 그래?"

북극의 온도가 높아지면 찬 공기가 밀려나 유럽에 한파를 가져온다. 하지만 북극 고온 현상이 과연 지구온난화 때문인지는 확실치 않다. 객관적으로 봤을 때 북극의 빙하 면적이 줄어들고 있고 고위도 지방이 중위도 지방보다 온난화 속도가 2배 빠르지만 지난 백 년 동안 세계의 평균기온은 0.74℃ 올랐을 뿐이었다. 하지만 요 근래 북극의 온도는 이보다 훨씬 높았다. 그래서 어떤 과학자들은 그냥 기후가 불규칙하게 변하는 현상으로 북극의 온도가 올랐을 수도 있다고 얘기하기도 한다.

심바가 굳은 얼굴로 허수아비를 올려다보았다. 방 한쪽 허공에서 뉴스 화면이 입체 영상으로 팟 하고 나타났다. 유럽의 기상 보도였다. 얼굴이 딱딱하게 굳은 아나운서가 빠른 목소리로 말했다.

'긴급 소식입니다. 기상청에서 혹한 경보가 내려졌습니다. 갑작스런 기온 하강으로 인해 오늘 하루에만 서른 명이나 되는 동사자가 보고되었습니다. 최근 2, 3년 사이에 한파가 심해졌는데 올해는 영하 30도의 날씨가 작년보다 20일 더 늘어났습니다.'

"저 뉴스 좀 보세요. 시뮬레이션 속에서 나비 떼가 가리키는 지역들은 최근 2, 3년 사이에 심각한 이상기후로 재해를 겪은 지역들이었어요."

"그, 그럼 에덴 프로젝트는……."

허수아비가 더듬거리며 말하자 노빈손이 씁쓸하게 대답했다.

"실패한 거겠죠."

"그럴 수가!"

"잠깐만요! 이것 좀 보세요."

심바의 다급한 음성이 두 사람의 뒤통수를 때렸다. 심바의 손가락은 시뮬레이션 속에서 아프리카 대륙 위에 앉아 하느작거리는 나비 한 마리를 가리키고 있었다. 나비의 등 뒤에서 '아후아후'라는 지역 명이 번쩍거렸다.

"이 지역에서는 아직 이상기후 현상이 보고되지 않았는데요."

"응?"

노빈손은 입체 영상에 매달리듯이 달라붙었다.

"아후아후? 어디죠? 여기서 가깝나요?"

"왜 그렇게 호들갑이야?"

노빈손은 다급하게 설명했다.

"생각을 좀 해 봐요! 지금까지 이 시뮬레이션에서 예측한 장소에선 모두 이상기후 현상이 일어났잖아요."

"그랬지."

"그럼 이 아후아후에서 재해가 발생하지

여름에는 폭염

지난 2003년, 유례없는 무더위가 유럽 전역을 덮쳤다. 유럽 전역에서 3만여 명, 프랑스에서만 1만 5천 명의 사망자가 발생할 정도였으니 얼마나 끔찍한 더위였을지 그 위력을 알 만하다. 2010년에도 러시아, 유럽, 미국, 한국과 일본에서 폭염 피해가 컸다. 기상학자들은 지구온난화의 영향으로 이러한 폭염이 앞으로는 매년 찾아올 것이라 경고한다.

않은 이유가 뭐겠어요?"

"어…, 시뮬레이션의 오류가 아닐까?"

노빈손이 답답하다는 듯이 가슴을 쳤다.

"어이구, 그게 아니죠! 곧 아후아후에서 이상기후 현상이 일어날 거라는 얘기잖아요!"

"뭐?"

그제서야 노빈손의 말을 알아들은 허수아비의 얼굴색이 새하얗게 질렸다.

"하, 하지만 이 시뮬레이션은 한 달 전 자료잖아. 지금까지 무사했다면 괜찮은 것 아닐까?"

"캔자스시티가 토네이도의 습격을 받은 건 엊그제예요. '아직' 무사하다고 생각해야죠!"

허수아비가 벌떡 일어섰다.

"캔자스시티의 토네이도 같은 게 날아든다면…, 엄청난 피해가 발생할 거야! 얼른 이 지역의 사람들을 대피시켜야 해!"

"내 말이 그 말이라고요!"

노빈손과 허수아비는 멍하니 서 있는 심바를 내버려 둔 채 거실 문을 박차고 뛰어나갔다.

아후아후 마을

두 사람을 실은 차는 아후아후를 향해 전속력으로 달려가기 시작했다. 차 안에 탄 허수아비는 홀로그램 통신으로 블루플래닛의 팀장에게 상황을 보고하기 시작했다.

이번엔 입체 영상 속에 떠오른 팀장의 아바타는 거대한 호랑이의 얼굴이었다. 허수아비의 보고를 듣던 호랑이 아바타의 얼굴이 점점 딱딱해졌다.

"에덴 프로젝트는 실패했습니다. 오즈 박사는 블루플래닛에 보고하지 않고 몰래 에덴 프로젝트를 실험했던 게 틀림없어요. 그가 바이러스로 에덴 프로젝트의 데이터를 파괴하고 도망친 건, 이 엄청난 이상기후 현상의 책임을 은폐하고 싶었기 때문일 겁니다. 그렇게 생각하면 왜 굳이 외부의 프로그래머에게 나비 효과 시뮬레이션 제작을 의뢰했는지도 이해할 수 있어요. 내부 연구원에게 부탁하면 에덴 프로젝트의 실패가 바로 들통날 테니까요."

"으음……."

"어쨌든 지금은 아후아후 사람들을 대피

기후 난민은 얼마나 될까?

2011년 10월, 미국 컬럼비아 대학 지구연구소 전문가들은 과학 전문 잡지 「사이언스」에 올린 보고서를 통해 연간 1천만 명에 달하는 기후 난민이 발생한다며 대책을 마련해야 한다고 주장했다. 또 난민감시센터와 노르웨이 난민협의회가 같은 해 6월에 발표한 보고서에 따르면, 자연 재해 때문에 발생한 기후 난민은 2010년 한 해만 4천 2백만여 명에 달한다. 2009년에 비해 2배 이상 늘어난 수치다. 기후 난민의 90% 이상은 홍수나 폭풍과 같은 기후 변화에 따른 극단적인 기상 재해 때문에 발생했다.

시키는 게 시급합니다. 뭐가 언제 들이닥칠지 몰라요! 당장 아후아 후에 연락해서 대피 권고를 내려 주십시오."

허수아비가 이야기를 마무리지었다. 그러자 호랑이 아바타가 한숨을 쉬었다.

"허수아비 요원, 자네 생각이 있는 건가?"

"네?"

뜻밖의 말을 들은 허수아비의 표정이 뒤통수를 한 대 맞은 사람처럼 바뀌었다. 영상 속의 호랑이가 으르렁거리듯이 말했다.

"아무 근거도 없이 남의 나라 사람들을 대피시키라고? 그 책임은 누가 진단 말인가?"

"아무 근거도 없다뇨? 지금까지 말씀드리지 않았습니까? 이건 오즈 박사가……."

"생각 좀 해! 기상예보에는 아무 말도 없었는데, 우리가 갑자기 튀어나와서 '여긴 위험하니 대피하시오'라고 말한단 말인가? 그 말을 누가 믿겠나?"

"어떻게든 믿게 해야죠. 이건 사람들의 목숨이 걸린 문제라고요!"

"게다가 만일 정말로 기상이변이 일어나 보게. 블루플래닛이 어떻게 일을 먼저 알았는지 당연히 궁금해할 것 아닌가! 그때 가서 '아, 실은 우리가 진행하던 프로젝트가 실패하는 바람에 여러분의 마을이 쑥대밭이 된 거예요'라고 말하란 말인가?"

팀장의 호통에 허수아비가 동굴처럼 크게 입을 벌렸다. 노빈손도 허수아비와 마찬가지로 경악했다. 허수아비가 말을 더듬으며 반문했다.

"그, 그럼 팀장님은 아후아후 사람들을 이대로 내버려 두겠다는 말씀이십니까? 블루플래닛이 책임 추궁을 당하게 될까 봐?"

"내가 언제 그렇게 말했나? 애당초 정말로 거기서 기상 재해가 일어날지 어떨지는 알 수 없는 일이야. 확실하지도 않은 일로 소란을 피울 수는 없어. 게다가 그곳은 얼마 전에 전쟁까지 치른 곳이야. 사람들을 또 혼란스럽게 할 텐가?"

"겨우 그것 때문에 훤히 보이는 위험 상황을 방치하겠다는 말입니까?"

"말이 많다! 하라는 조사는 안 하고 쓸데없는 데 정신을 팔고 있다니. 자네를 오즈 박사 추적 임무에서 해임한다! 당장 본부로 돌아와!"

허수아비가 입술을 지그시 깨물었다. 잠시 침묵이 흐른 뒤, 허수아비의 단호한 대답이 허공을 갈랐다.

"싫습니다."

"뭐야? 싫으면 어쩌겠다는 건가? 이건 명령이야!"

허수아비가 숨을 짧게 들이마시더니 떨리는 목소리로 대꾸했다.

"전 지금부터 블루플래닛 요원을 그만두겠습니다."

이상기후를 어떻게 예보하나?

기상예보는 과거의 관측 기록을 토대로 하는 것이다. 하지만 근래에 이상기후 현상이 잦아지면서 과거의 관측 기록에만 의존할 수는 없다. 최근의 기상 상황과 비교해 얼마나 강한 비나 눈이 쏟아질 것인지 예측해야 한다. 기후 변화는 이미 진행되고 있는 현실이고 피할 수 없다. 그로 인한 피해가 대규모의 범위로 발생하고 있는 만큼 기상예보의 중요성은 나날이 커질 것이다.

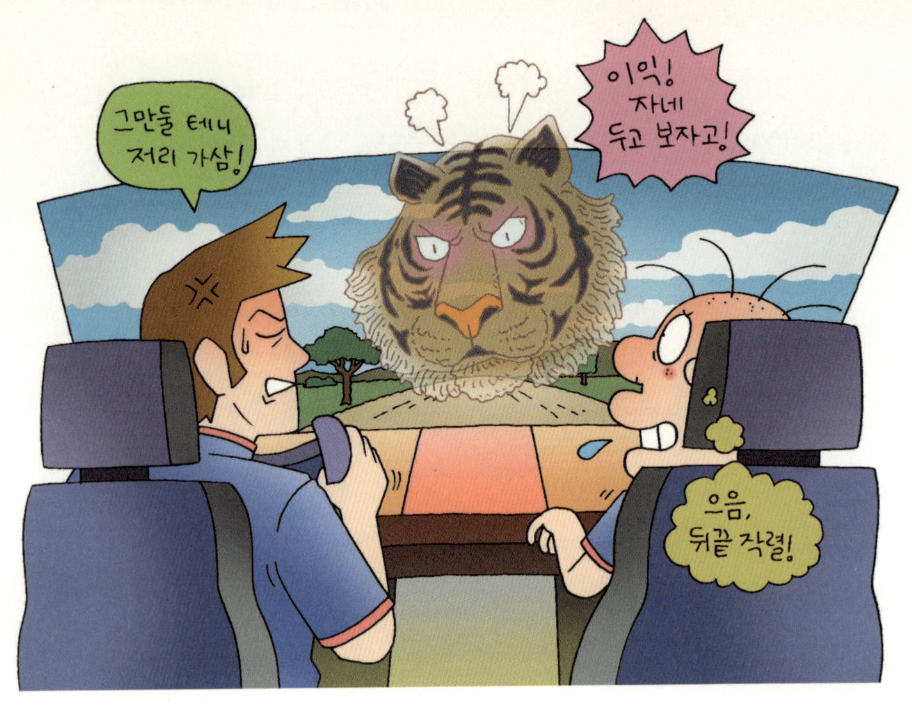

"뭐야?"

"그리고 제 자유 의지로 아후아후 사람들을 피신시키러 가겠습니다. 안심하시죠. 블루플래닛이니 에덴 프로젝트니 하는 말은 입도 뻥긋하지 않을 테니까요."

영상 속의 호랑이가 무서운 눈으로 허수아비를 노려보았다.

"후환이 두렵지도 않은가?"

"팀장님께서 제 후환까지 걱정해 주시지 않으셔도 됩니다."

"아후아후 사람들이 자네 얘길 믿을 것 같아?"

"가 보면 알겠지요. 그럼 이만."

허수아비의 손등에서 뿜어져 나오던 빛이 사그라들었다. 놀란 노빈손이 그의 팔을 잡았다. 느껴지는 체온이 불처럼 뜨거웠다.

"지금 뭐하는 거예요?"

"보면 알잖아. 실직자 됐지."

허수아비가 손을 까딱까딱하면서 허세를 부리듯이 씨익 웃었다.

"내가 블루플래닛에 들어간 건 기후 난민들을 돕고 싶었기 때문이야. 만일 블루플래닛이 그와 반대되는 길을 선택한다면 함께 행동할 필요 없어."

노빈손이 새삼스러운 눈으로 허수아비의 얼굴을 올려다보았다.

"오호, 꽤 멋진데요!"

노빈손이 손뼉을 치고서는 허수아비를 향해 왼손을 들었다. 허수아비는 하이파이브를 받아 줄 듯 오른손을 들더니 머리를 긁적였다. 그러곤 머쓱해진 노빈손은 아랑곳하지 않고 심각하게 중얼거렸다.

"문제는 오히려 지금부터야. 블루플래닛의 권고도 없고, 어떤 재해가 일어날지도 모르고 우리 둘은 그냥 일반인인데 어떻게 아후아후에서 사람들을 대피시키지?"

호수가 사막으로

뭔가 생각을 짜내기도 전에 노빈손과 허수아비를 태운 차는 아후아후에 도착했다. 22세기지만 아후아후 마을은 여전히 21세기, 아니 수천 년 전과 달라진 바 없었다. 노빈손이 TV 화면에서 보던 아프리카 부족 마을 그대로였다.

허수아비와 노빈손은 다급한 마음에 아후아후 사람들을 붙잡고 무작정 설득하기 시작했다.

"아주머니, 빨리 여기서 피하세요! 며칠 내에 이곳에서 엄청난 재해가 일어날지도 몰라요!"

"재해라니? 무슨 재해?"

상대방이 그렇게 되묻자 노빈손은 말문이 막혔다.

"에…, 글쎄요?"

"또 무슨 난리가 난다는 거야? 너 무슨 헛소리야."

"저희도 잘 모르지만, 어쨌든 뭔가 큰일이 일어날 건 분명해요. 어서 대피하세요!"

허수아비가 옆에서 끼어들었지만 때는 이미 늦었다. 아기를 업은 아주머니는 휘휘 손을 저으며 돌아섰다.

"멀쩡한 총각들이 뭘 잘못 먹었나 보네. 부정 타는 소리 말고 딴데 가서 알아보셔."

"어휴, 정말이라니까요!"

노빈손이 진정성을 보여 주려 팔짝팔짝 뛰었지만, 별 소용이 없었다. 사람들을 설득하기엔 위험의 실체를 몰랐고, 정보도 너무 부족했던 것이다.

마음이 조급해진 허수아비는 급기야 거리에 서서 무작정 소리치기 시작했다.

"빨리 여기서 나가시라니까요! 믿는 자에게 복이 있나니!"

그 모습을 보며 한숨을 쉬는 노빈손의 바지를 누군가가 끌어당겼다. 내려다보니 열 살쯤 되어 보이는 어린 여자아이가 노빈손을 빤히 올려다보고 있었다.

"오빠들 여기서 뭐해? 약 팔아?"

"……뭐?"

휘이잉~.

길 끝에서 불어온 모래바람이 코끝을 간질었다. 노빈손은 거하게 재채기를 한 후 코를 문지르며 중얼거렸다.

"첫, 사막 마을인 줄 알았으면 황사 헬멧을 가져오는 건데."

"사막 마을? 원래는 사막 마을 아니었어."

노빈손을 쳐다보던 여자아이가 대꾸했다. 연달아 재채기를 한 노빈손이 코를 훌쩍거리면서 물었다.

"사막 마을이 아니라니? 이렇게 사방에서 모래바람이 부는데."

여자아이가 얼굴을 찌푸렸다.

"여긴 원래 호수 마을이었어."

노빈손이 여자아이에게 물었다.

"꼬마야. 그 얘기를 좀 더 자세히 해 주지 않을래?"

"난 꼬마가 아니야! 모모란 말이야."

"그래, 그래. 모모야. 호수가 어쨌다고?"

모모의 얼굴에 그림자가 드리워졌다.

중국 네이멍구 지방의 호수 차칸 노르는 몇 년 전까지만 해도 여의도의 30배에 이르는 넓은 면적이었다. 그러나 2002년 이후로 호수가 서서히 마르고 있다. 서쪽 호수는 완전히 소금 사막으로 변했으며 동쪽 호수도 말라 버릴 위기에 처했다. 방목한 가축들이 풀을 다 먹어 치운데다 지구온난화로 강수량도 줄어들고 있기 때문이다. 사막화 지역이 점점 넓어지는 것을 막기 위해 우리나라의 기업 및 중국 정부에서 2008년부터 녹지 조성 사업을 실시하고 있다.

"원래 이곳에는 커다란 호수가 있었대. 아프리카에서도 손꼽을 만큼 커다란 호수였는데 지독한 가뭄이 계속되는 바람에……."

모모가 작게 한숨을 쉬었다.

"5년 전에 큰 호수가 전부 말라 버렸대."

"말도 안 돼!"

"정말이야! 그래서 우리 마을은 사막 마을이 됐고 우리나라랑 이웃 나라는 부족해진 물을 놓고 싸웠대. 싸우던 사람들은 많이많이 죽었어. 우리 삼촌도 그때 죽었대."

노빈손은 잠시 할 말을 잃었다. 호수 전체가 말라 버리는 가뭄이라고? 5년 전의 일이라고 하니, 이건 에덴 프로젝트 때문에 발생한 사건도 아니다.

에덴 프로젝트는 3년 전에 시행됐을 테니까. 문득 허수아비가 했던 말이 기억 속을 스쳐지나갔다.

'우리 어머니도 기후 난민이셨어.'

이상기후 때문에 고향을 잃고, 삶의 터전을 잃고, 전쟁을 겪고……. 얼마니 많은 사람들이 고통을 받고 있는지. 그건 피할 수 없는 현실이었다. 그런데 이상기후를 극복하기 위해 개발된 에덴 프로젝트마저 이상기후를 부추긴다니!

그러나 그때, 노빈손의 머릿속에 번뜩이

위기일발 물 전쟁

현재 물 부족으로 고통받고 있는 세계인은 11억 명이다. 특히 아프리카, 남미 등에 문제가 심각한데 유엔은 2025년에 이르면 전 세계 인구 가운데 절반이 물 부족 상황에 처할 것이라고 경고했다. 특히 중동의 나일강, 북동 아프리카의 티그리스·유프라테스강, 인도 지역의 인더스강을 둘러싸고 댐 건설이나 담수 이용에 대한 나라 별 입장 차이로 갈등이 심화되고 있다. 10년 내에 이 강들의 주변 국가들에서 물로 인한 전쟁이 일어날 것이라는 암울한 예측도 있다.

는 아이디어가 떠올랐다.

"그래, 그런 수가 있었어!"

노빈손이 벌떡 일어나자, 고래고래 소리를 지르던 허수아비가 무슨 일이냐는 얼굴로 이쪽을 돌아보았다. 노빈손이 모모의 작은 손을 잡았다.

"모모야. 너, 엄마와 마을 사람들을 지키고 싶지?"

"무슨 말이야?"

"오빠가 하는 말 잘 들어. 이 마을을 지키려면 네 힘이 필요해. 오빠 얘기를 듣고 동네 아이들을 좀 모아 와. 알았지?"

모모도 덩달아 심각한 얼굴로 고개를 끄덕였다.

모래 폭풍이 덮친 마을

"엄마! 엄마, 큰일 났어요!"

모모는 다급하게 자기네 천막 안으로 뛰어 들어갔다.

"왜 그래? 무슨 일인데 그렇게 숨넘어가니?"

잠시 숨을 고르며 헉헉거리던 모모가 외쳤다.

"이웃 나라에서, 아슈발 군인들이 지금 이리로 오고 있어요!"

모모 엄마의 낯빛이 흙빛으로 변했다.

"뭐?"

같은 시각, 옆집의 투투도 누나들에게 같은 얘기를 하고 있었다.

"정말이라니까! 내가 만났다니까. 자기가 아슈발 군인이라면서 마을을 염탐하러 왔다고 했어. 내가 차도 봤다니까."

이윽고 마을 어른들이 한길에 모두 몰려나와 술렁이기 시작했다.

"그럼 줄루도 그러던가요? 군인들이 오고 있다고?"

"투투도요?"

"우리 집 애도 같은 얘길 하더라고요. 이 마을 아이들이 다 똑같은 소식을 전하는 걸 보니 아무래도 수상해요."

"평화 협정을 맺었잖아요. 설마 쳐들어오겠어요?"

그러자 모모 엄마가 미심쩍은 표정을 지으며 말을 꺼냈다.

"아까 길거리에서 이상한 소리를 외쳐대던 민머리 총각이 수상하지 않아요? 아슈발의 첩자 아닐까요?"

"그래요, 우리 집 애도 아슈발 군인을 만났다고 했어요. 애들이 다 같은 소리를 하니, 원!"

마을 어른들 모두가 입을 다물었다. 전쟁이 끝난 지는 5년이나 되었지만 그래도 그 쓰라린 기억은 모두의 가슴에 생생하게 남아 있었던 것이다. 촌장이 들고 있던 지팡이로 땅을 탁 내리쳤다.

"이렇게 다들 불안에 떠는 것보다는 잠시

고기 소비가 급격히 늘어나면서 들풀만으로는 그만큼 많은 소나 양을 기를 수 없게 되었고 가축들을 먹일 곡식을 재배하기 위해 숲을 훼손하게 되었다. 1인분의 쇠고기와 우유를 만드는 데 22명이 먹을 수 있는 콩과 옥수수가 필요하다고 한다. 또 이 과정에서 엄청나게 불어난 소 떼들의 방귀는 온실효과를 일으키는 메탄가스를 뿜어 내는 주요인이 되었다. 그래서 육식을 줄이는 것은 가난한 나라를 돕고 이상기후를 막는 하나의 방법이다.

라도 마을을 떠나 있는 편이 낫겠소. 모두 짐을 꾸리시오!"

마을 사람들은 하나둘씩 짐을 싸서 마을을 빠져 나가기 시작했다. 전쟁에 대비해 피난 연습을 자주 했던 터라 마을은 곧 개미 새끼 한 마리의 발자국 소리도 들리지 않을 정도로 고요해졌다.

"악! 저게 뭐야?"

마을에서 멀리 떨어진 언덕에 차를 주차하고 마을 사람들이 모두 대피했는지 확인하던 허수아비가 소리를 지르며 차 안으로 뛰어 들

어왔다. 아후아후 쪽으로 고개를 돌린 노빈손은 불지불식간에 숨을
들이켰다.

낮인데도 사방이 캄캄했다. 햇빛이 비치지 않는 하늘에서 모래와
흙먼지가 거대한 쓰나미로 아후아후를 향해 덮쳐 왔다.

"저건 모래 폭풍이야. 저렇게 클 수가!"

허수아비가 신음처럼 중얼거렸다. 모래 폭풍이 마을을 지나가자
아후아후 마을은 그곳에 언제 집이 있었냐는 듯이 모래 언덕들로 변
해 버렸다.

 # 오즈 박사는 어디에

노빈손이 한숨을 쉬었다.

"세상에, 조금만 더 늦었더라면……."

"우리도 모래 폭풍과 함께 저세상 행일 뻔했다니까."

허수아비가 뒷말을 받아 마무리했디. 아후아후에서 있었던 일을
듣고 심바가 긴 한숨을 내쉬었다. 허수아비가 말했다.

"그래도 사람들을 제때 대피시킬 수 있어서 다행이야. 하마터면
큰일 날 뻔했어. 노빈손 네가 아슈발 군인인 척하자고 하지 않았다
면!"

"아이들에게 겁을 준 게 아닐까 좀 걸리기는 해요. 특히 투투는 어

찌나 의심이 많던지.”

“뭐, 다들 겁도 없던데? 특히 투투가 내 총까지 확인하려 하는 통에 진땀 뺐다니까.”

“그래도 에덴 프로젝트의 추가 희생자가 뭉텅이로 추가되는 건 막았잖아요.”

노빈손이 말하자 허수아비가 이를 꽉 악물면서 대꾸했다.

“이건 그동안 겪었던 이상기후 현상과 차원이 달라. 에덴 프로젝트 때문에 지금 무슨 일이 벌어지고 있는지! 반드시 오즈 박사에게 책임을 물어야 돼.”

“이제 요원도 아닌데 임무를 수행하려고요?”

“이건 블루플래닛과 상관없어! 무슨 일이 있어도 내 손으로 오즈 박사를 찾아내고 말 거야.”

심바가 억울한 목소리로 외쳤다.

“전 아직도 믿을 수 없어요. 오즈 박사님은 누구보다 책임감이 강하신 분이었어요. 누구보다 기후 난민에 대해 가슴 아파하셨다고요. 그분이 사람들에게 해를 끼칠 연구를 하셨을 리가 없어요.”

심바와 허수아비는 한 치의 물러섬도 없이 서로를 째려보았다. 노빈손이 심바를 달래듯이 말을 꺼냈다.

1992년 6월 브라질에서 유엔기후변화협약(UNFCCC)이 체결되었다. 기후변화협약은 이산화탄소를 비롯하여 각종 온실가스의 방출을 제한하여 지구온난화를 막는 데 주요 목적이 있다. 그러나 각국의 온실가스 배출에 대한 어떤 제약을 가하거나 강제성을 띠고 있지는 않은 협약이기에 법적 구속력은 없다. 대신 시행령에 해당하는 의정서를 통해 의무적인 배출량 제한을 정하고 있다. 그게 바로 교토의정서이다.

"오즈 박사도 이런 결과를 예상한 건 아닐 거예요. 어쨌든 오즈 박사를 만나 이야기를 들어 보자고요."

험악한 분위기가 조금은 누그러졌다. 허수아비는 팔짱을 낀 채 초조한 손놀림으로 팔뚝을 톡톡 건드렸다.

"시맹이나 메연에 있는 건 아닐 거야. 그랬다면 생체칩 반응으로 위치를 알 수 있었을 테니까. 오즈 박사가 자기의 칩을 제거했다 쳐도 이렇게까지 완벽하게 자취를 감출 수는 없어."

"그럼 아프리카일까요? 하지만 아프리카는 너무 넓은데……."

그때 노빈손은 보았다. 심바의 눈동자가 불안하게 이리저리 흔들리고 있는 것을.

"심바! 뭘 알아낸 거죠? 말해 봐요!"

"무…, 무슨 말이에요? 내가 뭘 안다고요?"

"심바, 지금 우리는 오즈 박사를 잡으려는 게 목적이 아니에요. 오즈 박사에게 지금 일어나고 있는 모든 일들에 대한 해결책을 물어보려는 거예요. 이상기후로 피해를 입을 사람들을 생각해 봐요."

심바는 잠시 동안 홀로그램을 바라보고는 무겁게 입을 열었다.

"그럼 약속해 주세요. 오즈 박사님을 다치게 하지 않겠다고."

사막화방지협약

1970년대 초부터 사막화 방지에 대한 국제적인 논의가 이미 시작됐다. 1977년 케냐 나이로비에서 열린 유엔사막화대책협의회 (UNCOD)가 그 출발이다 1994년에는 프랑스 파리에서 사막화방지협약이 채택됐고, 그날을 기념해 매년 6월 17일을 세계사막화방지의 날로 정하고 있다. 사막화방지협약은 현재 194개국이 가입해 있으며, 우리나라는 1999년에 159번째로 가입했다. 2011년 제10회 총회가 우리나라에서 열리기도 했다.

노빈손은 허수아비를 간절한 눈빛으로 바라보았다. 허수아비는 툴툴거렸다.

"알잖아. 나 이제 요원 아닌 거. 오즈 박사를 잡고 싶어도 잡을 수 없다고."

이윽고 심바의 손가락이 조심스럽게 지구의 아래쪽 꼭지점을 가리켰다.

"남극일 거 같아요."

"나, 남극?"

허수아비는 놀란 목소리로 더듬거리며 반문했다.

"뜬금없이 무슨 소리야? 아무리 온난화가 심하다곤 해도 남극은 아직 극지방인데다 블루플래닛이 철저하게 감시하고 있는 곳이라고. 블루플래닛의 추적을 받고 있는 오즈 박사가 그런 곳에 있겠어?"

"박사님에게 남극의 기지나 연구소는 앞마당이나 마찬가지예요. 게다가 에덴 프로젝트의 실험 대상지도 남극이잖아요."

허수아비가 고개를 저었다.

"말도 안 돼. 남극 연구소는 그 어떤 건물보다 첨단과학으로 둘러싸인 건물이야. 만일 거기에 박사가 있다면 당연히 칩 반응이 있었을 거야."

교토의정서란?

1997년 12월 일본 교토에서 개최된 유엔기후변화협약(UNFCCC) 제 3차 당사국 총회(COP3)에서 채택된 의정서이다. 교토의정서는 온실 효과를 나타내는 이산화탄소를 비롯하여 6종류의 감축 대상 가스(온실가스)를 줄일 것을 결의했다. 우선 2008년부터 2012년까지 선진국 전체의 온실가스 배출량을 1990년보다 5.2% 이하로 감축할 것을 목표로 삼았다. 그러나 가장 온실가스를 많이 배출하는 미국이 이 조약을 지키는 것을 거부하고 있어 어려움을 겪고 있다.

"바로 그 점이 함정이에요. 그래서 다들 남극 연구소는 고려하지 않았을 테니까. 하지만 21세기의 연구소는 어때요?"

"뭐?"

심바가 팔을 벌리며 설명을 계속했다.

"21세기에 사용하다가 더 이상 쓰지 않고 폐쇄된 연구소 말이에요. 남극 연구의 역사는 아주 오래됐으니까요. 그런 곳도 칩 인식 기능이 있나요?"

"그러네."

노빈손이 중얼거렸다. 허수아비가 턱을 만지작거렸다.

"어쨌든 한번 가 보자. 오즈 박사가 아니더라도 남극 기지에 가면 에덴 프로젝트가 어떻게 실행됐는지 알 수 있을지도 몰라."

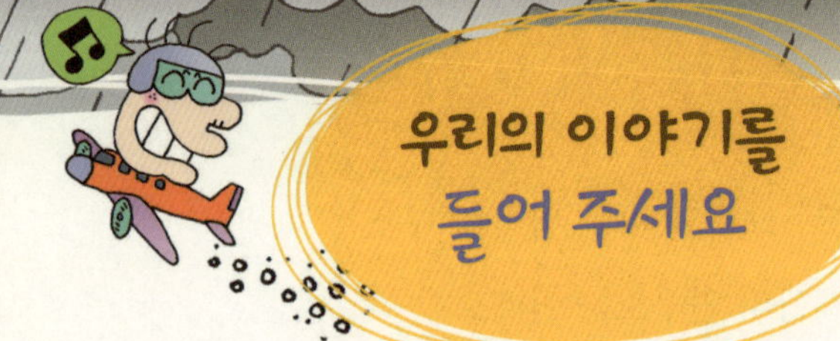

(마젤란펭귄 한 마리가 구슬프게 울고 있다. 이때 빙하 조각을 타고
옆을 지나던 북극곰이 마젤란펭귄을 발견한다.)

북극곰 어, 넌 마젤란펭귄 아니니? 왜 울고 있어?

마젤란펭귄 내가 안 울게 생겼냐! 우리 마씨 가문

펭귄들이…….

북극곰 마씨 가문 펭귄들?

마젤란펭귄 마젤란 펭귄 말이야. 500마리나

되던 펭귄들이 나만 빼고 모두 죽어 버렸단 말이야!

우리 가문 대가 끊겼네! 아이고~.

북극곰 뭐? 세상에, 도대체 무슨 일이 있었던 거야?

마젤란펭귄 다들 얼어 죽었어. 이번 겨울이 이상하게 추웠거든. 추위에

오들오들 떨다가 하나둘씩 쓰러지더니 할아버지, 할머니, 삼촌, 이모에

오빠 언니들까지 모두 나만 남겨 두고 가 버렸지 뭐야.

북극곰 헉! 어떡해? 네가 사는 남극의 포클랜드 섬은 추워진 거구나?

북극은 계속 날씨가 따뜻해져서 큰일인데.

마젤란펭귄 또 그렇지도 않아. 어떤 곳은 기온이 올라가서 눈이 아니라

비가 자주 내리거든.

북극곰 남극 날씨는 뒤죽박죽이구나. 우리 집인 북극 빙하는 계속 사

라지고 있는데!

(고니가 한 쪽에서 우아한 날개짓을 하며 등장한다.)

고니 흑흑. 그래도 저처럼 험한 꼴을 당한

사람, 아니 동물은 없을 거예요.

마젤란펭귄 고니 친구, 왜 그러는가?

우리 가족들이 러시아에서 영국으로 날아가

다가 그만 모두 바다 한가운데에 빠져 죽고 말

았어요. 흑흑.

북극곰 아니, 어쩌다가?

고니 원래 먼 거리를 날아가다 보면 중간에 먹이도 먹고 내

려앉아 쉴 섬이 필요하거든요. 그런데 그 섬들이 모두 바

닷물 속에 가라앉아 버렸더라고요. 그래서 쉬지도 못하

고 힘겹게 날다가 결국 모두 떨어져 버린 거죠.

마젤란펭귄 세상에, 어쩜 그럴 수가!

북극곰 우리도 비슷한 처지야. 물개 사냥을 위해 육지와

빙하 사이를 왔다 갔다 해야 하는데 빙하가 점점 사라지면 먼

거리를 오랫동안 헤엄쳐야 하거든. 얼마 전에 한 친구는 먹이를 찾지 못

해 9일 동안 차가운 바다를 쉬지 않고 헤엄치다가 그만 앓아 누웠어. 새

끼에게 먹을 것을 갖다 주지 못해 새끼는 그만 결국 굶어 죽었지. 흑흑.

마젤란펭귄 코알라들도 멸종 위기야. 10년 전보다 최대 2만 마리가 줄

어들었대. 지구온난화로 인한 가뭄 때문에 일어난 산불로 터전인 유칼

립투스 나무가 사라졌기 때문이야. 코알라의 유일한 먹이가 유칼립투

스 나뭇잎인데 말이야. 게다가 유칼립투스 나무는 호주에서만 자란다
고. 결국 코알라는 아무 데도 이사 갈 데가 없어 제자리에서 굶어 죽을
수밖에 없는 거지. 흑.

고니 바다 생물들도 살기 힘들대요. 흰동가리돔 얘기도 들어 보셨어요?
흰동가리돔은 해안의 암초 사이에 있는 말미잘의 촉수 안에 들어가 사
는데, 요즘 바다 속의 이산화탄소량이 급증해 산성화 되면서 뇌와 중추
신경에 이상이 생겼대요. 그래서 후각과 방향감각이 무뎌졌고 말미잘
을 찾기도 어려워졌대요. 정말 이대로 가다간 우리 모두 멸종될 것 같
아요.

북극곰 도대체 이런 일이 왜 생기는 걸까? 범인을 잡기만 해 봐. 내가
이 발톱으로 아주 그냥!

4
결국은
탄소 발자국을
줄이는 방법
밖엔~
CO₂
CO₂
CO₂
CO₂
CO₂
CO₂
CO₂

2112년 1월 22일

환경학자들은 지구온난화의 영향으로 남극 빙하의 90%가 녹아 내렸다고 발표했습니다. 북극 빙하는 이미 10년 전에 다 녹아 북극곰 및 북극의 동물들은 동물원의 개체를 제외하고는 모두 멸종된 것으로 보고되었는데요. 남극의 빙하가 다 녹으면 남극 생태계, 더 나아가 지구의 생태계에 어떤 역할을 미칠지 학자들은 우려하고 있습니다. 그런데 남극에 인접한 국가들이 벌써부터 남극의 영유권을 주장하며 양보 없이 대립하고 있어 국지적인 충돌이 우려되는 상황입니다.

남극에서

　머리 위로 펼쳐진 하늘이 기이할 만큼 푸르렀다. 바람 한 점 없는 남극 대륙은 아무 소리도 없이 그저 고요했다. 노빈손이 조심스레 얼음 위를 밟는 발소리만이 뽁뽁거리며 들려왔다. 노빈손의 눈앞에 우뚝 서 있는 납작한 건물에는 전자키 표시가 된 철문이 가로놓여 있었다.

　"이곳이 바로 폐쇄된 남극 연구소구나……."

　그렇게 중얼거린 노빈손은 몇 발짝 뒤쪽에 떨어져서 서 있는 허수아비를 곁눈질했다. 허수아비는 우주복 수준의 방한복 차림을 한 채 팔을 겨드랑이에 끼고 마스크로 입을 가린 채 뭐라 뭐라 구시렁거리고 있었다.

　"……난 추운 게 싫어. 아프리카도 싫고 더위도 싫어. 그렇지만 제일 싫은 것은!"

　"거기서 뭐해요? 빨리 이거나 열어요!"

　노빈손의 말에 허수아비가 번쩍 고개를 들면서 마주 소리를 질렀다.

　"내가 제일 싫은 건, 왜 만날 나만 고생하고 넌 멀쩡하냐는 거야! 멀미도 안 하고, 추위도 안 타고! 정녕 피와 살이 흐르는 인간이냐? 어째서 그렇게 멀쩡한 거야?"

황제펭귄이 얼어 죽고 있다

황제펭귄은 원래 추위에 강한 펭귄이다. 알을 발등 위에 올려놓고 영하 60℃의 날씨에도 버틸 수 있다. 하지만 남극의 기온이 오르면서 비가 자주 내리고, 비를 맞은 새끼 펭귄들이 울랐다곤 하지만 여전히 영하인 날씨에 얼어 죽는 끔찍한 일이 일어나고 있다. 학자들에 따르면 2100년이 되기 전에 황제펭귄의 95%가 사라질 것이라고 한다.

"살이 어떻게 흘러요? 저도 추워요. 하지만 예전에 왔던 것에 비해선 별로 추운 날씨도 아닌데다 미래의 방한복이 이렇게 든든한데 뭐가 문제예요."

"언제 와 봤는데?"

"백 년, 아니 2백 년 전쯤에요."

그렇게 말한 노빈손이 새삼스레 그리운 눈으로 주변을 둘러보았다. 예전에 이곳에서 새클턴과 아문센, 그리고 스코트를 만나 여행했던 추억이 떠올랐다. 영원히 남극을 지키며 서 있을 것 같던 새하얀 빙산도 기후 변화 앞에 어쩔 수 없었던지, 하늘을 찌를 듯이 높던 얼음산들은 반으로 줄어들었고 발밑에는 군데군데 흙이 드러나 있었다. 마음 한구석이 목감기에 걸린 것처럼 짜르르했다.

허수아비가 전자총으로 문의 손잡이를 겨냥했다. 파란 불꽃이 튀었고 잠금장치가 떨어져 나갔다. 둘이서 힘주어 손잡이를 밀자 육중한 소리와 함께 철문이 열렸다. 허수아비와 노빈손이 한 발짝씩 내딛는 발소리가 천장과 벽에 부딪쳐 반향이 되어 돌아왔다.

"전력실이 어디지?"

"이쪽인데요."

복도의 표지판을 본 노빈손이 길을 가리켰다. 그 방향을 따라 복도를 걸어가던 허수아비가 복도의 갈림길 앞에서 문득 멈춰 섰다.

"잠깐만! 전력이 들어와 있는 것 같은데?"

"응?"

"저길 봐."

허수아비의 손끝이 오른쪽 복도 끝을 향했다. 멀리서 희끄무레하게 빛줄기가 직각으로 새어 나오는 것이 보였다. 노빈손이 벽에 붙은 표지판을 힐끗 보았다.

"저긴 중앙제어실인데……."

두 사람은 아무 말도 없이, 발소리를 죽인 채 그 불빛을 향해 접근했다. 가까이 다가가자 중앙제어실에 불이 켜져 있는 것이 더욱 확실하게 보였다. 허수아비가 노빈손

북극곰의 눈물

캐나다의 작은 마을 처칠은 800명의 주민과 1천여 마리의 북극곰이 사는 '북극곰 마을'이다. 그러나 북극 주변의 얼음바다가 20여 년 전에 비해 지역별로 3~14% 줄어든 탓에, 굶주린 북극곰이 먹이를 찾아 마을에 출몰하게 되었다. 북극곰은 밤에 유리창을 깨기도 하고 썰매개의 사료를 뒤지기도 한다. 세계 북극곰 보호단체인 '북극곰 인터내셔널(PBI)'은 이대로라면 2050년에는 처칠의 북극곰이 멸종할 것이라고 말한다.

을 쳐다보았다. 노빈손이 고개를 끄덕였다. 다음 순간, 허수아비가 문을 열어젖혔다.

방 안은 싸늘하게 식은 복도의 공기와 달리 따뜻했다. 중앙제어실의 가운데에는 커다란 의자가 놓여 있었고, 한 노인이 그 위에 앉아 있었다. 일견 꾀죄죄하고 볼품없는 몰골이었지만, 안경 너머의 눈동자는 형형하게 빛나고 있었다. 지저분한 옷차림이나 머리조차도, 그 노인을 둘러싼 분위기를 가릴 수는 없었다. 노인은 평생 동안 무언가를 줄곧 연구하고 공부하며 살아온 학자임이 분명했다. 무엇보다, 맨 처음 임무를 받을 때 보았던 입체 영상 속의 그 얼굴이었다. 바로 오즈 박사였다!

황제펭귄들은 어디로 갔을까?
남극에는 300여 마리의 황제펭귄들이 매년 알을 낳고 품기 위해 찾아오는 황제 섬이 있다. 암컷이 먹이를 구하러 먼 여행을 떠나면 수컷은 발등과 아랫배 사이에 알을 품고서 꼼짝하지 않고 암컷을 기다린다. 그런데 1970년경부터 황제 섬을 찾아오는 황제펭귄의 수가 줄기 시작해 2009년에는 한 마리도 발견되지 않았다. 지구온난화로 남극의 기온이 올라가면서 펭귄들의 먹이인 물고기와 크릴, 오징어의 개체수가 줄어들었기 때문이다.

노인의 눈은 똑바로 노빈손과 허수아비를 응시하고 있었다. 당황한 기색도 없었다. 허수아비가 팔을 들어올렸다.

"당신이 오즈 박사군요?"

노빈손은 그가 대답하지 않을 거라 생각했다. 그러나 뜻밖에도, 노인은 순순히 고개를 끄덕였다.

"그렇소. 내가 오즈 박사요."

허수아비가 움찔했다. 허수아비도 박사가 이렇게 순순히 긍정할 줄은 예상치 못했던 모양이었다. 노빈손은 조심조심 오즈 박사에게 다가가 팔을 쿡 찔렀다.

“홀로그램이 아니었군요.”

노빈손은 계속 말을 이었다.

“죄송해요. 혹시 홀로그램일까 봐서요. 박사님이 정말 블루플래닛의 기상 조절 프로그램인 에덴 프로젝트의 데이터를 파괴했나요?”

“그렇소.”

박사의 얼굴에는 아무런 표정 변화도 없었다. 오랜 세월 바람을 맞다가 무념무상이 된 바위 같은 얼굴이었다.

 # 에덴 프로젝트의 진실

“실패를 감추기 위해섭니까?”

허수아비의 비난에 박사의 눈썹이 꿈틀했다.

“실패를 감추기 위해서라니?”

“시치미 떼지 마세요!”

조용조용 얘기하던 허수아비의 목소리가 높아졌다.

“당신은 미완성된 에덴 프로젝트의 실험을 무리하게 강행했어요! 남극 날씨를 실험 대상으로 삼아서 말이에요! 그 결과 세계 곳곳에서 예상치 못한 기상 재해가 일어났고 그 때문에 많은 사람들이 고통받고, 집을 잃고, 기후 난민으로 전락했다고요!”

허수아비의 주먹이 파르르 떨렸다.

"당신은 이 사실을 은폐하기 위해서 에덴 프로젝트의 데이터를 바이러스로 파괴하고 도망친 거예요! 틀렸으면 어디 반박해 보시죠!"

허수아비의 말이 끝나자마자 오즈 박사가 허허 웃었다. 어딘지 허탈해 보이는 웃음이었다. 허수아비가 소리쳤다.

"이 판국에 웃음이 나옵니까?"

"그것이 블루플래닛의 시나리오인가? 내게 모든 책임을 지우고 마무리하려는 모양이지?"

"무슨 소리예요?"

오즈 박사가 안경 너머로 허수아비를 노려보았다.

"분명히 말하겠네. 에덴 프로젝트의 데이터를 바이러스로 파괴한 건 내가 맞아. 하지만 에덴 프로젝트의 실험을 강행한 것은 내가 아니라네."

"뭐라고요?"

"자네의 의분을 모르는 바 아니네. 나 또한 기후 난민들을 돕고자 에덴 프로젝트를 시작했으니……. 프로젝트의 이론이 완성되었을 때, 우리는 모두 기뻐했네. 드디어 변덕스런 망아지 같은 지구의 날씨에 고삐를 채웠다고 말이네. 하지만……."

박사가 천장을 올려다보며 말했다.

"나는 아직 실험은 시기상조라고 말렸어. 그러나 상부는 실적을 원했고, 실험은 강

행되었네. 그리고 성공한 듯 보였어. 실제로 남극의 기온이 0.5도 내려갔으니까. 그러나 그 뒤 2, 3년 동안 세계 각지에서 최근의 첨단 기술로도 예측할 수 없는 급격한 이상기후 현상이 관측되었지. 그동안 기상예보 기술의 발달로 웬만한 기상이변은 예측 가능했었는데 말이야."

박사의 기나긴 한숨 소리가 들려왔다.

"블루플래닛은 그것과 에덴 프로젝트 사이엔 연관성이 없다고 주장했어. 그러한 의혹이 제기되는 것 자체를 봉쇄했지. 그래서 나는 개인적으로 에덴 프로젝트의 결과를 바탕으로 시뮬레이션 파일을 만들어 보았네. 해당 파일에 나타난 재해 지역은 엄청났어. 그리고 급격한 이상기후 현상을 보이는 지역이 점점 늘어나자 예측 데이터와 거의 맞아떨어졌지."

"최근에 이상기후 현상이 나타난 지역은 캔자스시티와 아후아후 마을이고요."

노빈손의 말에 박사가 고개를 끄덕였다.

"나는 시뮬레이션을 증거로 내밀며 해당 지역에 대피령을 내려야 한다고 했어. 그러나 승인되지 않았지. 그건 기상 재해가 에덴 프로젝트의 실험 때문이라는 사실을 인정하는 셈이니까."

"그래도 그 사실을 어떻게든 발표했었어야죠! 프로젝트 데이터만 싹 지워 버리고 도망가면 어쩌라는 겁니까!"

허수아비가 분통을 터뜨리자 오즈 박사가 헛웃음을 터뜨렸다.

"그게 말일세. 어처구니없는 일이 벌어졌다네. 아시아 연맹과 아메리카 연합이 서로 에덴 프로젝트를 탐낸 거지."

"시맹과 메연이요?"

노빈손이 반문하자 허수아비가 고개를 갸우뚱거렸다.

"어차피 에덴 프로젝트는 실패한 거잖아? 그런데 그걸 가져다 뭐에 쓰겠다는 거지?"

오즈 박사 대신 노빈손이 허수아비의 말에 대답했다.

"에덴 프로젝트는 실패한 게 아닐지도 몰라요. 실제로 의도했던 지역의 날씨를 바꾸는 데는 성공했잖아요."

"하지만 그 외의 지역들에서 기상이변이 일어났잖아! 그게 어디가 성공한…"

반박하던 허수아비가 입을 떡 벌렸다.

"아니 잠깐! 설마 자기네 나라의 날씨만 조절할 수 있으면, 다른 나라들은 어떤 피해를 입어도 상관없다 이거야? 어차피 연관성이 증명된 것도 아니니까 책임도 질 필요도 없고?"

"그럴지도 모르지. 시맹도 메연도 이상기후 때문에 엄청나게 애를 먹고 있잖아. 그만큼 기상 조절 프로그램을 절실히 원하고 있을 거야."

이산화탄소 측정하기

지구온난화를 연구하기 위해서는 이산화탄소의 양을 잘 측정해 두어야 한다. 그런데 서울의 이산화탄소 양이 갑자기 늘어났다고 해서 지구온난화가 빨라지거나 하는 건 아니다. 이산화탄소의 양은 전 지구적인 관점에서 측정되어야 한다. 따라서 이산화탄소는 공해 등 지역적인 영향을 가장 덜 받는 청정한 곳에서 측정된다. 우리나라의 기상청 기후변화감시센터는 안면도에서 교토의정서에서 규제하는 온실가스 이외에도 오존, 자외선 등을 측정하고 있다.

# 로보캅의 귀환

"틀렸어."

누군가의 목소리가 뒤에서 끼어들었다. 노빈손의 등골에서 소름이 돋았다. 전에도 이런 식으로, 똑같은 목소리가 뒤에서 참견했던 것 같은데……

천천히 뒤를 돌아본 노빈손의 얼굴이 새하얘졌다.

로봇 팔을 든 채로 로보캅이 그 자리에 서 있었다. 동시에 일련의 사내들이 총을 들고 방 안으로 뛰어 들어왔다. 오즈 박사와 허수아비, 노빈손은 막다른 방 안에 갇힌 꼴이 되었다.

허수아비가 말을 더듬으며 물었다.

"아, 아니 선배, 어떻게 여기를……."

로보캅이 한숨을 쉬었다.

"이 순진한 녀석아. 내가 전에 말했지? 블루플래닛은 네가 정말로 오즈 박사를 찾아내길 바라지 않는다고. 그냥 구색을 갖추려고 세운 허수아비일 뿐이라고 말야."

로보캅의 총구가 허수아비의 왼쪽 손등을 가리켰다.

"블루플래닛에 있는 우리 쪽 스파이로부터 네 생체칩의 정보를 받았지. 그래서 우

탄소 시장이란?

교토의정서에 의해 탄소배출권 개념이 생겨나면서 온실가스를 배출할 수 있는 권리를 사고팔 수 있는 시장도 생겼다. 탄소배출권은 돈으로 사고팔 수도 있지만 나무를 심는 것으로도 살 수 있다. 예를 들어 미국의 전력회사가 화력발전소 설립 허가를 받기 위해 과테말라에 5천만 그루의 나무를 심으면 되는 식이다.

리가 네 뒤를 따라올 수 있었던 거고.”

“뭐라고요?!”

허수아비가 펄쩍 뛰었다. 로보캅이 어깨를 으쓱했다.

“편리한 줄만 알았지, 그게 24시간 감시용으로 쓰일 줄은 꿈에도 몰랐겠지. 네 몸 속에 들어 있으니 그걸 어디다 버리고 추적을 따돌릴 수도 없을 테고. 덕분에 편하게 안내받으며 올 수 있었지.”

“그, 그럴 수가!”

허수아비가 넋나간 표정으로 자신의 왼쪽 손등을 쳐다보았다. 로보캅이 한 걸음 앞으로 나섰다.

“블루플래닛은 널 버릴 거다, 허수아비. 나를 버렸듯이.”

그 말에 허수아비가 고개를 홱 쳐들었다. 로보캅은 씁쓸한 미소를 띠고 있었다.

“오즈 박사가 우리 손에 넘어오면 아마 블루플래닛은 널 블랙레인의 스파이였다고 발표할 거야.”

“네?”

“에덴 프로젝트가 우리 손에 넘어오면 블루플래닛은 그 책임을 누구한테든 떠넘겨야 할 테니까.”

입을 벌린 채 다물지 못하는 허수아비를 내버려 둔 채, 로보캅은 오즈 박사에게 시선을 던졌다.

"오즈 박사님. 함께 가실까요?"

오즈 박사가 환멸스럽다는 눈으로 로보캅과 그 일당들을 바라보았다.

"날 데리고 가서 어쩔 작정인가?"

"글쎄요. 저희는 의뢰인의 요청에 따를 뿐이니까요."

"누구의 의뢰지?"

"일단 시맹과 메연, 양쪽으로부터 의뢰가 들어와 있습니다. 아마 상부는 둘 중에 더 높은 몸값을 부르는 쪽에 박사님을 넘기겠지요."

오즈 박사의 주름진 얼굴이 찌푸려졌다.

"마피아가 할 만한 짓이군."

"에덴 프로젝트의 파일을 복구하려는 시맹과 메연만 하겠습니까?"

"그걸 복구해서 어쩌려고요? 정말로 자기네들 땅만 이상기후 없는 파라다이스로 만들 작정인 건가요? 다른 지역은 어찌되든 상관 안 하고?"

로보캅이 딱하다는 눈으로 노빈손을 바라보았다.

진통을 겪는 교토의정서

교토의정서는 2012년 말에 종료되는데 2011년 기후변화총회에서 그 기간을 2013년부터 5년 또는 8년 연장하기로 합의했다. 중국, 인도와 같은 개도국들도 2020년부터 참여해야 하며 선진국들은 개도국들의 온실가스 감축 노력을 지원하기 위해 녹색기후기금을 조성해야 한다. 하지만 미국이 교토의정서를 거부하고 있고 일본, 캐나다, 러시아 등도 교토의정서를 탈퇴하겠다고 하고 있어 실제로 효력을 가질지 불확실하다. 한국은 2008~2013년인 1차 협약 기간에는 의무 감축국이 아니었지만 2013년부터 시작되는 2차 협약 기간에는 꼭 참여해야 한다.

“그게 아니야, 노빈손. 그 반대지.”

“반대라고요?”

“시맹과 메연은 상대방이 에덴 프로젝트를 손에 넣으면 어떻게 될지 두려워하는 거야. 그래서 필사적으로 자기 쪽이 먼저 차지하려 애쓰는 거지.”

“네?”

“생각해 봐라. 원하는 대로 날씨를 바꿀 수 있다면 군사적으로 아주 효과적으로 이용할 수 있지.”

“뭐라고요?”

로보캅이 양팔을 펼치며 말을 이었다.

“적국에 토네이도를 일으킨다면? 해일을 불러온다면? 인간의 힘으로 만든 군대나 방위 시설 따윈 무용지물이야. 그런 무서운 프로그램을 상대 연맹에 넘길 수는 없지 않겠나?”

“하지만 이미 파괴됐잖아요! 박사님이 에덴 프로젝트의 데이터를 파괴했다고요! 이젠 그런 건 신경 쓰지 않아도…….”

말하던 노빈손은 불현듯 깨달았다.

‘그래서 박사님은 에덴 프로젝트를 파괴했구나! 그 프로그램이 누구에게도 악용되지 않게 하려고.’

날씨의 무기화

1966년 베트남 전쟁에서 미군은 실제로 인공 강우 작전을 실시했었다. 홍수를 일으켜 베트콩들의 이동을 막기 위해서였다. 하지만 국제적으로 비난 여론이 커졌고 1977년 유엔 총회에서 지구상에서 날씨를 무기로 사용하지 않기로 결정했다. 하지만 강대국들은 비공식적으로 날씨 조절 기술을 개발 중이다. 적의 진로를 방해하는 인공 강우, 군대를 숨길 수 있는 안개 생성, 적의 비행기를 격추하기 위한 천둥 번개 생성, 1만 개의 수소폭탄과 맞먹는 에너지를 가진 태풍 조종, 지진과 쓰나미 인공 발생 등 날씨 조절 기술은 엄청난 위력의 무기로 사용될 수 있기 때문이다.

로보캅이 고개를 저었다.

"하지만, 한 번 완성되었던 프로그램이야. 오즈 박사만 있으면 다시 만들 수 있어. 그래서 시맹과 메연이 우리를 동원하면서 박사를 찾으려 눈이 벌게진 거다."

말을 마친 로보캅이 다시 총구를 들어 올렸다.

"설명이 길었군. 이제 그만 함께 가시죠, 박사님?"

묵묵히 얘기를 듣고만 있던 오즈 박사가 말했다.

"내가 괜히 가만히 있었는 줄 아나? 늦든 빠르든 여기에 누군가가 들이닥칠 거라 짐작했어. 지금까지 우리가 나눈 이야기는 전부 녹화되어 있네. 그 영상이 전 세계에 흘러나가기를 원하나?"

로보캅이 픽 웃었다.

"그건 시맹과 메연이 걱정할 일이겠죠. 우린 아닙니다. 우리 블랙레인의 목적은 오즈 박사님을 잡는 것, 그것 하나죠. 어차피 마피아인데 욕 좀 더 먹는다한들 어떻습니까?"

연구소를 탈출하라

허수아비의 주먹에 힘이 들어갔다. 그러나 아무리 봐도 불리한 상황이었다. 블랙레인 조직원들이 출구를 둘러싸고 있고, 정면 돌파로 셋이서 탈출하는 건 무리였다.

오즈 박사가 고개를 끄덕이더니 일어서서 허수아비와 노빈손의 팔을 잡았다.

"그렇군. 알겠네."

"네?"

그 순간.

퍼엉 하는 소리와 함께 방 안이 연기로 가득 찼다. 흐릿한 안개로 인해 아무것도 보이지 않았다. 당황한 목소리만이 여기저기서 들렸다.

"뭐, 뭐야?"

"연막탄이다!"

그 사이, 오즈 박사는 노빈손과 허수아비를 자신이 앉아 있던 의자의 뒤쪽으로 끌어당겼다. 뭔가 손잡이가 만져졌다. 허수아비가 화들짝 놀랐다.

"이건 비밀 문…!"

한때 지구상에 존재했던 공룡들이 일제히 사라져 버린 이유에 대해서는 여러 가설이 있다. 그 중 가장 유력한 가설은 루이스 알바레스가 1980년에 주장한 소혹성 설이다. 궤도를 이탈한 소혹성(혹은 운석)이 지구와 충돌해 먼지 구름이 지구를 뒤덮었고, 그 때문에 기후가 급격하게 변해 공룡이 살 수 없게 되었다는 내용이다. 그 외에도 화산 폭발로 인한 화산재로 기후가 변해서라는 가설, 대륙이 이동하면서 계절의 변화가 뚜렷해지고 이에 공룡이 적응하지 못해서라는 가설 등 그 원인은 다르지만 공통된 주장은 공룡은 기후 변화로 멸망했다는 것이다.

"들어가기나 해!"

세 사람은 서둘러 문을 열고 제어실 뒤쪽의 비밀 통로로 뛰어 들어갔다. 박사는 문을 재빨리 닫더니 잠금쇠를 단단히 채웠다. 허리를 굽혀야 겨우 지나갈 수 있을 만한 작은 통로였지만, 노빈손 일행은 기역자로 숙인 채 온힘을 다해 뛰었다. 통로의 끝은 또 다른 방으로 연결되어 있었다. 박사가 재촉했다.

"뒤쪽에 출구가 있네. 서둘러!"

그러나 그 순간, 허수아비가 우뚝 멈춰 섰다. 갑작스런 행동에 당황한 노빈손과 오즈 박사가 뒤를 돌아보았다. 허수아비가 굳은 목소리로 말했다.

"난 여기서 놈들을 막겠어."

"그게 무슨 소리예요!"

노빈손이 놀라서 묻자 허수아비가 쓸쓸하게 웃으며 왼손을 들어 보였다.

"잊었어? 내 칩이 있으면 블랙레인의 추적에서 벗어날 수 없어. 지금 박사님을 지킬 수 있는 건, 체내에 칩이 없는 노빈손 너뿐이야."

"하지만!"

허수아비가 고개를 저었다.

"오즈 박사님은 이 모든 일을 밝힐 단 하나의 증인이야. 국제요원이라며 우쭐거렸

지구온난화로 인한 식량 문제

과학자들의 예측에 따르면 2100년까지 세계 인구의 절반이 지구온난화 때문에 굶주릴 수 있다. 기후 변화에 적응하지 못하는 식물들이 열매를 맺지 못하면서 식량이 부족해지기 때문이다. 그러면 열대 지방의 쌀과 옥수수 생산량이 계속 줄어들 것이다. 한국도 식량 위기에 대비해야 하는데 국립농업과학원에 따르면 평균 기온이 5℃ 오르면 쌀 생산량이 15% 감소한다고 한다.

지만, 결국 내가 한 일들은 사람을 돕기는커녕 곤경에 빠뜨렸을 뿐이야. 막판까지 발목을 잡고 싶진 않아.”

“말도 안 돼요!”

노빈손이 허수아비의 손을 잡으려 했지만, 허수아비는 한 걸음 물러서면서 그를 피했다.

“박사님, 아까는 오해해서 죄송했습니다. 반드시 진실을 밝혀 주십시오. 노빈손, 오즈 박사님을 부탁한다!”

그 말을 마지막으로, 허수아비는 휙 몸을 돌려서 반대편 복도로 달려갔다. 노빈손이 어쩔 줄 모르고 오도카니 서 있자 오즈 박사가 손목을 잡아당겼다.

“시간이 없어. 서둘러!”

조금 더 달리자 복도 끝에 두꺼운 철문이 나타났다. 밀고 밖으로 나가니 저 멀리 스노우카가 보였다. 눈이 미끄러워서 발이 빠르게 움직이지 않았다. 스노우카가 세워진 곳까지 가는 시간이 영원처럼 느껴졌다.

지구의 기온이 6℃ 오르면

바닷물의 온도가 오르면 그 속의 산소가 줄어든다. 산소는 차가운 물에 잘 녹기 때문에 따뜻한 바닷물에는 산소가 많이 있을 수 없다. 그나마 물속에 있는 산소도 바다 생물의 호흡으로 없어지게 되면 바다는 박테리아만이 살아남는 무산소 환경으로 변한다. 그리고 박테리아 자신이 만든 유황가스를 육지로 내뿜게 된다. 그렇게 되면 육지도 생물이 살지 못하는 환경으로 변하게 되고 결국 모든 생물체가 멸종하고 마는 것이다.

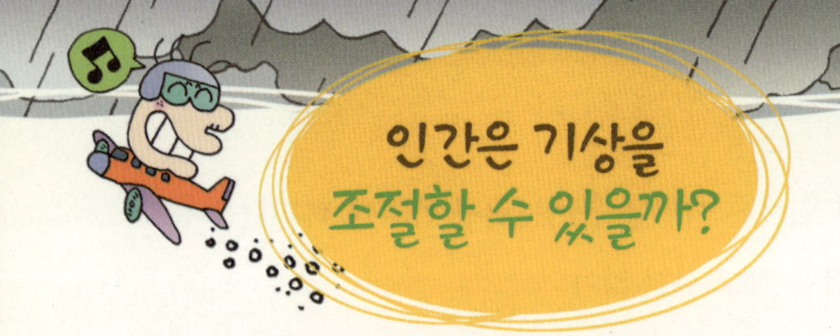

안녕? 노빈손에게 사사건건 태클을 걸고 있는 로보캅이다. 내가 이제부터 기상 조절에 대해 아주 쉽게 얘기해 주겠다. 불만 있는 사람은 불을 끄도록. 미안. 내가 허수아비보다 더 썰렁했군. 얼른 본문으로 들어가야겠다. 인간들은 아주 오래전부터 기상 조절에 대한 꿈을 가지고 있었다. 가뭄이 들면 비가 내리게 해 달라고 기우제를 지낸 것이 그 예지. 저수지 등 수리 시설이 모자랐던 옛날에는 농사를 지으려면 하늘에서 제때 비를 내려 줘야 했기 때문이다. 그런데 기우제 가운데 산꼭대기에서 불을 피우는 방식이 있다. 이건 나름 과학적이다. 공기의 이동이 적은 밤중에 불 위에서 따뜻하게 데워진 공기는 급격히 위로 올라가 찬 공기를 만난다. 그러면 따뜻한 공기 속에 있던 수증기가 응결하여 비구름을 만들 수도 있는 것이다.

이쯤에서 비가 어떻게 내리는지 궁금하지 않나? 먼저 비가 오려면 구름이 있어야 한다. 구름은 대기 중에 있는 수증기가 아주 작은 물방울이나 얼음 결정 입자들로 변해 있는 것이다. 비가 내리려면 구름 속에 있는 입자들이 서로 뭉쳐서 커져야 하는데 평균 구름 입자의 반지름이 $10\mu m$ 내외라면 빗방울의 반지름은 1천μm 내외다. 즉 하나의 빗방울을 만들려면 100만 개 이상의 구름 입자가 뭉쳐야 하는 아주 어려운 작업이 이루어져야 한다. 그런데 구름 입자가 저절로 뭉칠 수는 없다. 구름 입자가 뭉치는 과정은 구름의 온도에 따라 다음 두 가지로 나뉜다.

바로 빙정설과 병합설이다. 추운 지방의 구름 속에는 얼음 입자들과 함께 0℃ 이하에서도 얼지 않는 과냉각 물방울들이 있다. 이 과냉각 물방울들이 얼음 입자에 달라붙어 크기를 키우면 무거워져서 눈으로 떨어지게 된다. 이때 지상의 기온에 따라 눈이 되기도 하고 비가 되기도 한다. 이것이 빙정설이다. 또 따뜻한 지방의 구름 속에는 크기가 각각 다른 물방울들이 있다. 이 가운데 크기가 큰 물방울이 떨어지면서 작은 물방울들에 부딪히게 되면 합쳐지면서 결국 빗방울을 만들게 된다. 이것이 병합설이다. 빙정설에서나 병합설에서 구름 입자들이 물방울로 만들어지려면 모아 주는 무언가가 필요하다. 빙정설에서는 그 무언가가 빙정핵이고 병합설에서는 응결핵이다. 지상에서 올라간 먼지, 화산재, 공장과 가정에서 나오는 연기, 바다소금 입자 등이 빙정핵이나 응결핵의 역할을 한다고 알려져 있지.

인공 강우의 원리 ▶ 이건 아주 어마어마한 비밀이지만 가르쳐 주지. 인공 강우를 시도하려면 빙정핵이나 응결핵의 역할을 해 줄 물질이 필요하다. 뭐? 이미 알고 있다고? 하긴 비가 내리

드라이아이스로 인공 강우하는 모습

는 원리를 완벽하게 이해했으면 그쯤이야 쉽겠지. 구름이 있어도 비가 내리지 않는 경우도 많지 않은가? 그때 빙정핵이나 응결핵을 비행기로 뿌려 주면 구름 입자들이 뭉쳐서 비를 만들기 쉬운 거다. 이를 구름 씨를 뿌린다고 표현한다. 이때 빙정핵으로는 드라이아이스가 쓰이고 응결핵으로는 주로 요오드화은이 쓰인다

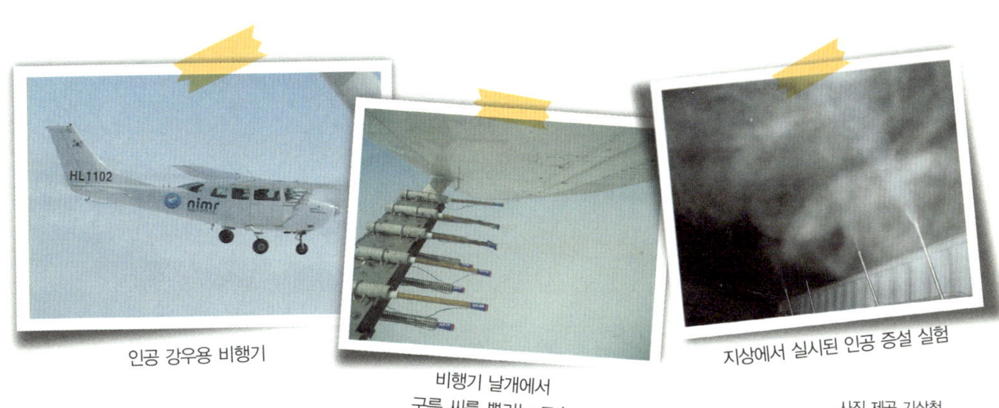

인공 강우용 비행기

비행기 날개에서
구름 씨를 뿌리는 모습

지상에서 실시된 인공 증설 실험

사진 제공_기상청

인간이 자유자재로 비를 내릴 수 있다고 아직 생각하지는 말아야 한다. 빙정핵이나 응결핵도 이미 있는 구름층에 뿌려야 비를 내릴 수 있는 거다. 구름이 없으면 아무것도 할 수 없다. 현재 구름 입자들까지 인공적으로 만들 수 있는 기술은 없기 때문이다. 그래서 사막같이 구름이 생기지 않는 건조한 곳에서는 인공 강우는 아예 시도조차 할 수 없다. 더욱이 인공 강우가 백발백중 성공하는 것도 아니다. 기상 조절 선진국의 경우에도 65% 정도만 성공한다.

그래도 인공 강우 기술은 세계 여러 나라에서 실용화되었다. 미국, 멕시코, 오스트레일리아, 태국, 이스라엘, 러시아, 중국, 일본, 아르헨티나, 그리스, 남아프리카공화국 등 무려 37개국에서 여러 기상 조절 연구 프로젝트를 진행 중이지. 특히 태국은 국왕이 직접 국제 특허까지 갖고 있을 정도로 인공 강우 기술을 개발하고 있다. 비행기 두 대가 각기 다른 고도에서 드라이아이스와 요오드화은을 따로 뿌리는 복합 기법이 그것이지.

중국은 2008년 베이징올림픽 때 기상 조절 기술을 사용했다. 인공 강우로 비를 미리 내려 오염된 대기도 씻어 내고 개막식 당일에는 비가 내리지 않도록 하기 위해서다. 러시아는 전승기념일마다 모스크바의 붉은광장에서 행사를 치르는데 지난 30년 동안 한 번도 그날에 비가 내린 적이 없다. 러시아는 비구름을 흩어 버리는 비구름 소산(흩어져 사라짐) 기술을 사용했다. 비구름 소산 기술은 인공 강우를 할 때보다 응결핵을 5배 이상 많이 뿌리는 것이다. 그럼 하나의 응결핵에 달라붙을 수 있는 구름 입자의 수가 그만큼 적어지게 되어 빗방울로 커질 수 없다.

사람이 인위적으로 기상을 조절하는 데 부작용은 없냐고? 당연히 걱정스러

운 게 있다. 바로 환경 문제다. 요오드화은이 환경을 오염시킨다는 주장이 있거든. 요오드화은이 생태계에 쌓여서 어떤 부작용을 나타낼지 모르니까. 하지만 과학자들은 아무리 인공 강우를 위해 요오드화은을 뿌려 봤자 자연의 요오드화은 농도는 늘어나지 않는다고 발표했다. 그래서 요오드화은으로 인한 대기 오염이나 환경 파괴는 거의 없다고 주장한다. 그리고 인공 강우에 많이 사용되는 드라이아이스는 바로 이산화탄소로 변하기 때문에 대기 오염 염려가 없다고 한다. 하지만 어쨌든 지구온난화 주범인 이산화탄소니까 요즘은 드라이아이스 대신 액체 질소를 많이 사용한다.

우리나라의 기상 조절 기술

한국의 기상 조절 기술은 어느 수준까지 와 있냐고? 메연 마피아인 나한테 그런 걸 물어보다니! 하지만 아는 대로 설명해 주지. 한국은 기상 조절을 1962년부터 시작하긴 했지만 아직 걸음마 단계라고 알고 있다. 기상청에서는 2008년부터 강원도에서 매년 인공 강우 실험을 하고 있다. 특히 2018년 평창동계올림픽을 위해 인공 증설 기술 개발에 박차를 가하고 있다. 인공 강우도 인공 증설도 현재는 40% 정도의 성공률이지만 점차 선진국 수준인 65%로 올리기 위해 노력하고 있다고 한다.

백 년 전의 잘못

　오즈 박사와 노빈손이 스노우카에 막 탔을 때였다.

　투두두두…….

　격렬한 바람소리와 함께 연구기지 반대편에서 느닷없이 비행체 하나가 떠올랐다. 작은 우주선처럼 생긴 비행기였다. 오즈 박사는 입술을 깨물었다.

　"아무래도 이미 늦은 것 같네. 새하얀 허허벌판에서 저 비행기를 피해 달아나는 건 무리야. 여기까진가 보군."

　"저기 있다!"

　뒤에서 걸걸한 소리가 들려왔다. 돌아보니 연구소에서 몰려나온 블랙레인의 조직원들이 노빈손과 오즈 박사를 향해 어기적어기적 달려오고 있었다.

　허공을 선회하는 비행기, 달려오는 마피아들. 도망치는 건 불가능해 보였다.

　"허수아비는 어떻게 됐으려나?"

　이 와중에 노빈손은 허수아비가 걱정됐다.

　오즈 박사는 어두운 얼굴로 노빈손을 바라보았다.

　"노빈손이라고 했나? 자네만이라도 도망치게. 저들이 원하는 건 나일 테니 자네는 빠져나갈 수 있을 거야."

　"무슨 말씀이세요! 박사님이 저들한테 붙잡히면 에덴 프로젝트가

부활한단 말이에요."

"내가 살아 있지 않으면 끝이잖나."

그 말에 노빈손은 헉 숨을 들이마시며 오즈 박사의 얼굴을 쳐다보았다. 박사의 얼굴은 굳어 있었다.

"박사님, 설마!"

"에덴 프로젝트가 불러일으킨 피해는 내 책임이기도 하네."

"아니에요! 박사님은 기후 난민들을 구하려고 에덴 프로젝트를 시작하신 거잖아요.”

“그 에덴 프로젝트의 시작부터가 잘못된 거야.”

“네?”

“인간의 욕망이 몇 백 년에 걸쳐 토해 낸 이산화탄소, 메탄가
스……. 이상기후의 원인은 바로 그것들이야. 인류의 자업자득 아
닌가? 그런 걸 억지로 제어하려 했으니 더 큰 부작용이 일어나는 게
당연한 거지.”

“하지만…….”

오즈 박사의 얼굴이 일그러졌다.

“그럼 우리가 어떻게 했어야 했나? 자연의 분노를 고스란히 받으
며 견디라고? 이제 와서 노력해도 이상기후를 잠재울 순 없었어! 2
백 년, 아니 하다못해 백 년 전부터만 가스 배출을 줄였어도…….
지구를 망가뜨린 장본인들은 이미 세상을 떠났고, 뒤에 후손들만 이
땅에서 고통받아야 한단 말인가!”

“죄송해요.”

“뭐?”

분노를 토해 내던 오즈 박사가 의아한 눈으로 노빈손을 바라보았
다. 노빈손은 주먹을 꼭 쥐고 있었다.

“이 세상이 이렇게 된 데에는 제게도 책임이 있어요.”

“갑자기 무슨 소린가?”

“저는…, 21세기에서 지금 시대로 날아왔거든요.”

정신이 이상한 사람으로 오해받을지도 모른다는 생각에, 노빈손

은 재빨리 부연 설명을 덧붙였다.

"서울에 폭우가 쏟아지던 2011년 어느 날 급류에 휘말렸다가 정신을 차려 보니 22세기더라구요. 어쨌든 그래서…, 죄송해요 박사님. 지구온난화가 이렇게 심각한 문제가 될 줄 그땐 몰랐어요. 이상기후는 남의 나라 이야기인 줄만 알았어요."

 빙하 속으로

"설마 에덴 프로젝트 때문에 시공간마저 일그러진 건가?"

"예?"

노빈손이 고개를 들어 보니 오즈 박사의 눈이 반짝이고 있었다.

"그런 가설이 있었어. 기상 상태를 시간축에 맞춰 고정시키면 공간이 왜곡될 가능성이 있다고 말이야. 아주 적은 확률이지만. 그게 현실로 나타난 거라면 X축이 시간이라 할 때……."

누가 학자 아니랄까 봐, 이 상황에서도 오즈 박사는 생각 속에서 타임머신을 연구

빙하가 녹으면 온난화가 더욱 빨라진다

미국항공우주국은 2009년부터 2010년까지 북극 바다 주변을 관측한 결과 북극의 얼음이 녹으면서 상당한 양의 메탄가스가 방출되고 있는 것을 발견했다. 빙하 속에 수백 년간 갇혀 있던 메탄가스가 밖으로 방출되는 것이다. 온실가스 때문에 빙하가 녹고 빙하가 녹으면서 온실가스가 기하급수적으로 늘어나는 악순환이 생기는 것이다. 그래서 최대한 북극의 빙하가 녹지 않도록 지켜야 한다.

하고 있는 듯했다. 덕분에 노빈손은 다시 정신을 차렸다.

'이럴 때가 아니지! 오즈 박사가 붙들리면 에덴 프로젝트가 부활한다고! 생각해, 노빈손! 어서 생각해!'

그 순간, 스노우카 옆에 우뚝 서 있는 얼음 절벽이 노빈손의 눈에 들어왔다. 동시에 머릿속에서 섬광이 튀었다. 노빈손이 오즈 박사의 앙상한 팔을 움켜쥐었다.

"박사님, 저기 보이시죠?"

노빈손이 절벽 밑의 야트막한 구멍을 가리켰다. 사람 하나가 몸을 최대한 웅크리고 겨우 들어갈까 말까 한 크기였다.

"제가 비행기와 블랙레인을 유인하겠습니다. 박사님은 저 구멍에 숨어 계시다가 틈을 봐서 도망치세요."

"뭐? 하지만……."

오즈 박사가 뭐라 말하려 입을 열었지만, 노빈손은 단호하게 잘랐다.

"박사님, 포기하지 마세요! 저도 포기하지 않을게요. 만일 다시 과거, 아니 저의 현재로 돌아가게 된다면, 이런 세상이 되지 않도록 최선을 다할게요! 그러니 박사님도 포기하지 마세요!"

노빈손은 스노우카를 지그재그로 운전해 눈보라를 일으켜 마피아의 눈을 가렸다.

빙하가 다 녹으면

빙하가 녹으면 녹은 양만큼만 해수면이 상승하는 것은 아니다. 거대한 빙하는 인력의 법칙에 의해 바닷물을 끌어들이고 있는데 빙하가 녹으면 인력이 사라지게 되어 물이 주변 대륙으로 밀려날 것이다. 게다가 남극의 경우 어마어마한 무게로 누르던 빙하가 사라지면 땅이 솟아오르면서 주변의 바닷물을 밀어내게 된다. 결국 해수면의 높이는 예상보다 훨씬 높아져 미국 서해안의 도시는 물에 완전히 잠기고 유럽과 인도양 지역도 큰 홍수 피해를 입게 될 것이다.

그리고 얼음 절벽 앞에서 멈춘 뒤 차 문을 열고 오즈 박사를 구멍 속으로 밀었다.

그러고는 엑셀레이터를 힘껏 밟자 차가 비명과도 같은 새된 소리를 내며 앞으로 질주하기 시작했다. 뒤에서는 블랙레인이 탄 스노우바이크들이 쫓아오고 있었고, 머리 위에는 비행기가 위협적인 소리를 내며 따라왔다.

'허수아비는 어떻게 되었을까? 박사님은?'

머릿속이 복잡했지만, 신기하게도 마음은 차분했다. 해야 할 일이 명확해졌기 때문일까? 아니면 내내 보이지 않던 사건의 전말이 밝혀졌기 때문일지도 모른다.

'결국, 에덴 프로젝트는 허상이었던 거야.'

운전대를 잡은 노빈손의 손아귀에 힘이 들어갔다.

'아무리 시간이 지나고 과학이 발달해도 인간이 자연을 완전히 장악할 순 없는 거라고.'

스노우바이크들이 점점 더 가까워졌다. 따라잡히면 곤란하다. 더 시간을 벌어야 했다. 노빈손은 오른발에 힘을 주었다. 불길한 소리가 들린 것은 그때였다.

쩌적…! 쩌저적…!

묵직하고 둔중하면서도 날카로운 소리였다. 노빈손은 몇 가닥 안 되는 머리털이 쭈뼛 서는 것을 느꼈다. 이성보다 본능이 먼저 그 소리의 정체를 알아챘다. 그것은!

"빙하가 갈라진다!"

뒤에서 누군가의 고함이 들려왔다. 그것이 신호라도 된 듯, 노빈손과 블랙레인이 달리고 있던 땅이 깊은 울음을 토하며 지진 난 것처럼 심하게 요동쳤다.

쩌정!

얼음이 깨지는 소리와 함께 스노우카의 엉덩이가 뒤로 홱 당겨졌다. 노빈손의 눈앞이 새하얘졌다.

"우아아아아아악!"

콰르르릉! 뭔가가 무너지는 소리가 났다. 그야말로 얼음장처럼 차가운 물이 차 안을 휩쓸었다. 추위보다 두려움이 더 앞서 왔다. 노빈손은 그대로 정신을 잃었다.

요 근래 전 세계적으로 폭염, 한파, 홍수, 가뭄 등 극심한 기상 재해가 일상적으로 일어나고 있다. 국제사회는 이런 이상기후 현상이 지구온난화에서 비롯된 것이라고 합의했다. 지구온난화의 근본적 해결 방법은 온실가스의 배출량을 줄이는 것이다. 그를 위해서는 한 사람 한사람의 노력도 중요하지만 국가적인 차원의 협력도 중요하다.

지구온난화, 전 세계의 책임

1985년 세계기상기구(WMO)와 유엔환경계획(UNEP)이 이산화탄소가 지구온난화의 원인이라고 공식적으로 인정하고 1988년에는 미국항공우주국(NASA)이 미국 의회에서 지구온난화에 대해 경고한 이후 그 심각성이 널리 알려졌다. 지구의 기후는 계속 변하고 있으므로 지구의 기온 상승이 꼭 인간이 내뿜은 이산화탄소 때문만은 아닐 것이라는 의견도 있다. 하지만 산업화로 대기 중의 이산화탄소가 자연 상태보다 훨씬 늘어난 이래 지구의 기온이 오른 것은 사실이다. 그리고 홍수, 가뭄, 폭풍 등의 기상 재해도 심해졌다. 지구온난화가 실제 현상이라는 것은 더 이상 부정할 수 없는 것이다.

기후 변화에 관한 국제회의

1992년 유엔환경개발회의에서 기후변화협약이 채택되었고, 1988년 IPCC(기후 변화에 관한 정부간 협의체)

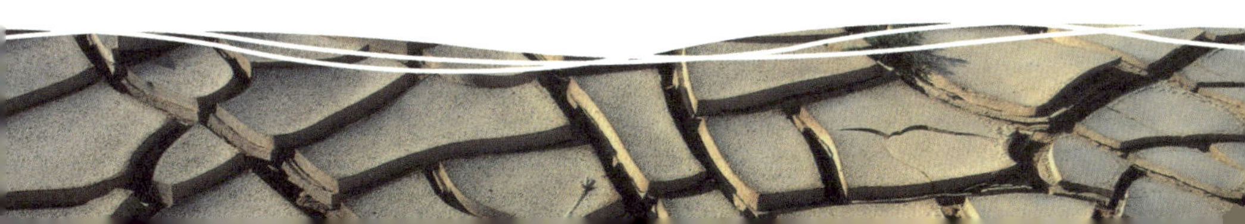

가 세워진 이래 지구의 기후 변화에 대처하기 위한 국제회의인 기후변화협약 당사국 총회(UNFCCC COP)가 매년 열렸다. 2012년에는 18차 회의가 카타르에서 열린다. 기후 변화에 대비하기 위해서는 국제적인 협력이 필요하다는 것을 전 세계가 인정하고 있는 것이다. 2011년 더반에서 열린 17차 회의에서는 2012년에 효력이 정지되는 교토의정서의 기한을 늘리기로 결정했지만 회의가 열릴 때마다 각 나라 별로 입장 차이가 있어 합의가 이루어지기까지 많은 진통을 겪어야 했다.

기후변화협약 당사국 총회에서 각 나라들은 지구 전체를 생각하기보다는 자신들만의 이익을 내세우며 서로의 입장을 양보하지 않으려 하고 있다. 미국은 선진국들에게만 이산화탄소 감축 의무를 부여한 교토의정서에 반발하며 지키지 않고 있다. 온실가스를 다량으로 뿜어내는 중국과 인도 등 개발도상국들이 절감 대상이 아니라는 점에 불만을 표하고 있는 것이다. 한편 개발도상국들은 선진국들은 이미 엄청난 양의 이산화탄소를 내뿜으며 산업화에 성공해서 경제 발전을 이루었는데 자기들에게는 이산화탄소를 내뿜지 말

라고 하는 건 발전하지 말라는 것이냐며 항의한다. 유럽은 당장 모든 나라가 이산화탄소 감축량을 정해야 한다며 이산화탄소 배출량 1위인 중국과 2위인 미국을 재촉하고 있다.

2011년 더반에서 열린 기후변화협약 당사국 총회 17차 회의에서 교토의정서의 기한을 2017년까지 연장하고 2020년 이후부터 온실가스를 배출하는 모든 나라들이 참여하는 새로운 의정서를 정하기로 합의했다. 새로운 의정서는 미국, 중국 등 지금 현재 교토의정서를 지키고 있지 않은 나라들도 모두 참여해야 하는 것으로 2015년까지는 협상을 끝내기로 했다. 이렇게 17차 회의에서는 어쨌든 선진국과 개발도상국의 합의가 이루어졌다. 선진국뿐만 아니라 개

발도상국도 온실가스 의무 감축국에 참여했고, 중국 등 개발도상국들은 참여 시기를 2020년으로 늦추면서 경제 발전을 할 시간을 벌게 된 것이다.

✚ 위태위태한 합의

선진국들은 교토의정서가 연장된 2017년까지 줄여야 할 온실가스의 양을 정해 2012년 18차 회의에서 최종 결정해야 한다. 하지만 캐나다는 미국과 중국도 2017년까지 온실가스를 줄여야 한다며 교토의정서 탈퇴를 선언했다. 일본과 러시아도 탈퇴를 고려하고 있는 중이지만 국제사회의 비난을 우려해 아직까지 행동에 나서고 있지는 않다. 전 세계 이산화탄소 배출량의 절반을 차지하는 이들 나라들이 모두 빠지면 교토의정서는 유명무실하게 될 우려가 있다.

✚ 이산화탄소, 어떻게 줄일 것인가?

아직 구체적인 방법에 대한 합의는 이루어지지 않았지만 이산화탄소를 줄여야 하는 필요성에 관해서는 전 세계적으로 동의한 상태이다. 더욱이 기후변화협약에 참여한 나라들은 구체적인 실행 계획을 세워야 한다. 그래서 각 산업 별로 이산화탄소를 줄이는 방법을 연구하고 있다. 예를 들어 자동차 산업에서는 이산화탄소를 적게 내뿜는 하이브리드 자동차를 개발하는 식이다.

"빈손아! 정신 차려, 빈손아!"

귓전이 따가웠다. 노빈손은 게슴츠레하게 눈을 떴다. 제일 먼저 시야에 들어온 것은 커다랗고 새까만 누군가의 콧구멍이었다. 김이 푹푹 뿜어져 나오는, 참 낯익은 저 콧구멍은?

"말숙이?"

"어머, 빈손아! 정신이 들었구나!"

호들갑을 떠는 말숙이 뒤로 하얀 천장이 보였다. 노빈손은 소독약 냄새가 풀풀 나는 침대 위에 누워 있었다.

"여기가 어디야?"

"응급실."

"내가? 왜?"

"얘가 기억이 안 나나 보네. 물난리 난 도로에서 뚜껑 벗겨진 맨홀에 빠지는 바람에 물을 잔뜩 먹고 기절했잖니."

"빙하에서 떨어신 세 아니고?"

노빈손은 힘없이 눈을 껌벅였다. 말숙이가 말했다.

"뭔 소린지, 그나저나 정말 이상하지? 지난겨울에는 엄청난 폭설로 모두 집 안에 갇히게 만들더니, 여름에는 물폭탄이 쏟아지고 한국이 살기 좋은 사계절 땅이라는 말도 다 옛날 얘기라니까. 지구온난화가 심각하긴 한가 봐. 얘, 어디 아프니?"

노빈손이 몽롱한 표정으로 말숙이를 올려다보았다.

"그게…, 미래에 다녀온 것 같아."

"또 모험을 다녀온 거야? 나 빼고?"

노빈손이 고개를 끄덕였다.

"미래에 다녀왔으면 무지 재미있었겠다."

"아냐, 무지 분위기가 심각했어. 세상의 끝을 보고 온 것 같아. 그리고 난 맹세를 했어."

"맹세라니?"

말숙이의 눈이 치켜 올라가는 것도 모른 채 노빈손은 멍하니 말을 이었다.

"내가 지켜 줄 거라고 했어. 미래의 세상이 고통스럽지 않도록, 지구온난화 때문에 집을 잃고 헤매는 사람들이 더 생겨나지 않도록 하겠다고 말이야. 그래서 나의 현재에서 최선을 다할 거라고."

"그거, 누구한테 맹세한 건데?"

"응?"

"여자야?"

그제야 말숙이의 분노를 감지한 노빈손은 화들짝 놀라며 두 팔을 내저었다.

"아냐, 아냐! 그럴 리가 있나! 어라? 그런데 상대가 누구였는지 기억이 안 나네."

"역시 여자인 거지!"

"아니라니까! 말숙아, 내가 모험 한두 번 다녀 본 것도 아니고. 내가 말이야, 그동안 수많은 유혹에도 지조를 지킨 열남이라고."

"뭐? 그럼 그동안 모험 다니면서 여자들을 만나긴 했단 말이네. 너 이리 와. 어딜 도망가? 너 이리 안 와?"

갑작스레 소란스러워진 병실의 창밖에서, 비로 얼굴을 씻어낸 여름 하늘이 청명한 파란빛으로 빛나고 있었다.

사막을 숲으로 바꾸다

중국 네이멍구 마오우쑤 사막에 살고 있는 중국 여인 인위쩐은 사막을 숲으로 바꾼 주인공이다. 인위쩐은 25년 동안 80만 그루의 나무를 사막에 심어 한반도 넓이만큼 거대한 마오우쑤 사막의 10분의 1을 숲으로 바꾸는 데 성공했다. 처음에는 거듭 실패했지만 인위쩐은 포기하지 않고 계속 묘목과 풀씨를 심고 하루에 10km 이상을 걸어 40여 차례 이상 물을 길어 날랐다. 우직한 노력의 결과로 사막 한가운데에 거대한 숲을 만든 것이다. 인위쩐의 노력은 환경운동가들과 지구를 살리려는 사람들에게 큰 희망이 되고 있다.

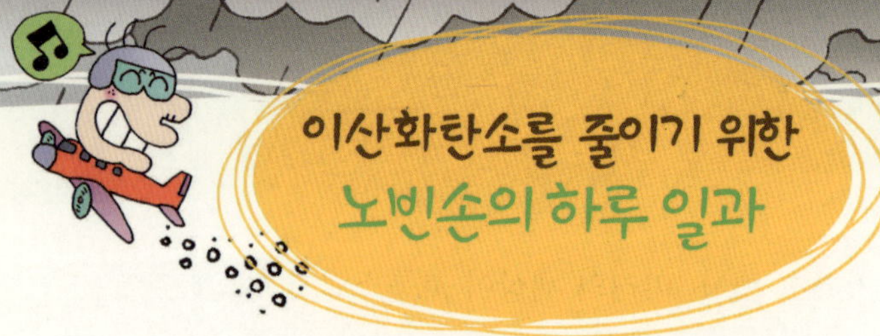

이산화탄소를 줄이기 위한
노빈손의 하루 일과

생활 속에서 이산화탄소를 줄이려면 어떻게 해야 할까?
노빈손의 하루를 따라가 보자.

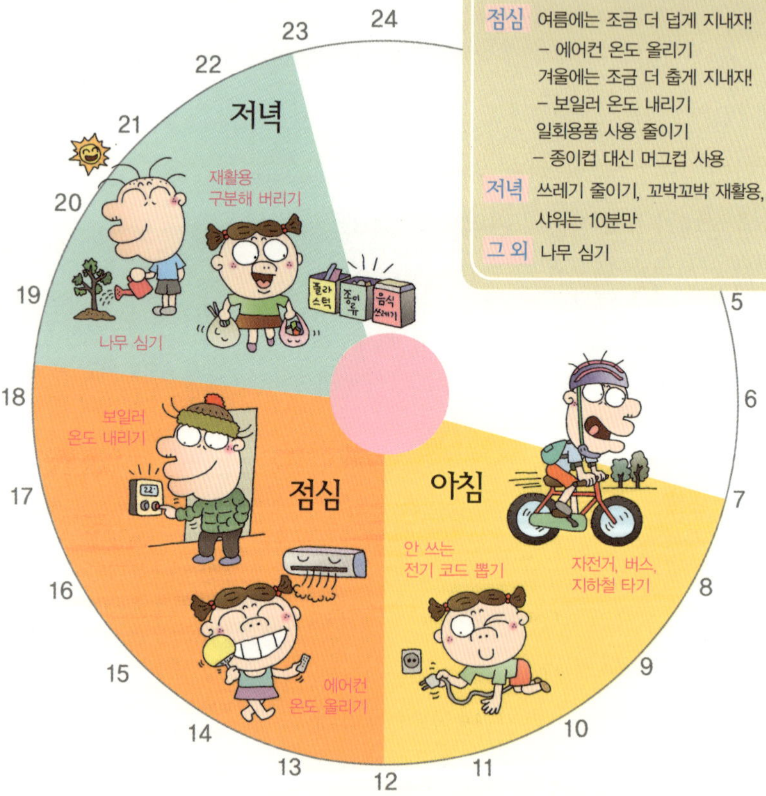

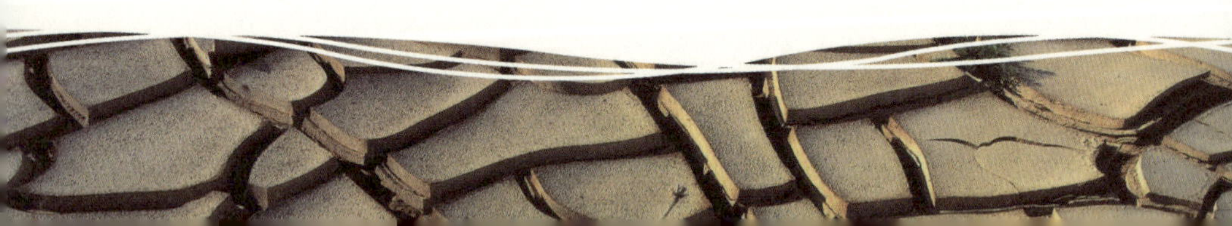

C525-WDZN9-Y#HS#-P
W9NM-3833

「노빈손 이상기후의 정체를 밝혀라」 초판 1쇄 쿠폰

노빈손 홈페이지(**www.nobinson.com**)에 오셔서 쿠폰번호를 등록하시면
온라인 포인트로 **머리카락 500가닥**을 드립니다.
온라인 포인트를 모아서 노빈손 상품으로 교환하실 수 있습니다.
홈페이지 접속 후 로그인하여 로그인 박스에 있는 '**쿠폰등록**'을 클릭!

도서쿠폰은 **초판 1쇄**에 한하여 제공합니다.
(쿠폰 유효 기간은 6개월입니다. 2012년 6월 1일 ~ 2012년 11월 30일)